DE L'UNITÉ

DES

RACES HUMAINES

D'APRÈS LES DONNÉES DE LA PSYCHOLOGIE
ET DE LA PHYSIOLOGIE

Par M. LADEVI-ROCHE

BORDEAUX

CHEZ CODERC, DEGRÉTEAU ET POUJOL

(Maison LAFARGUE)

Rue du Pas Saint-Georges, 28

—

1868

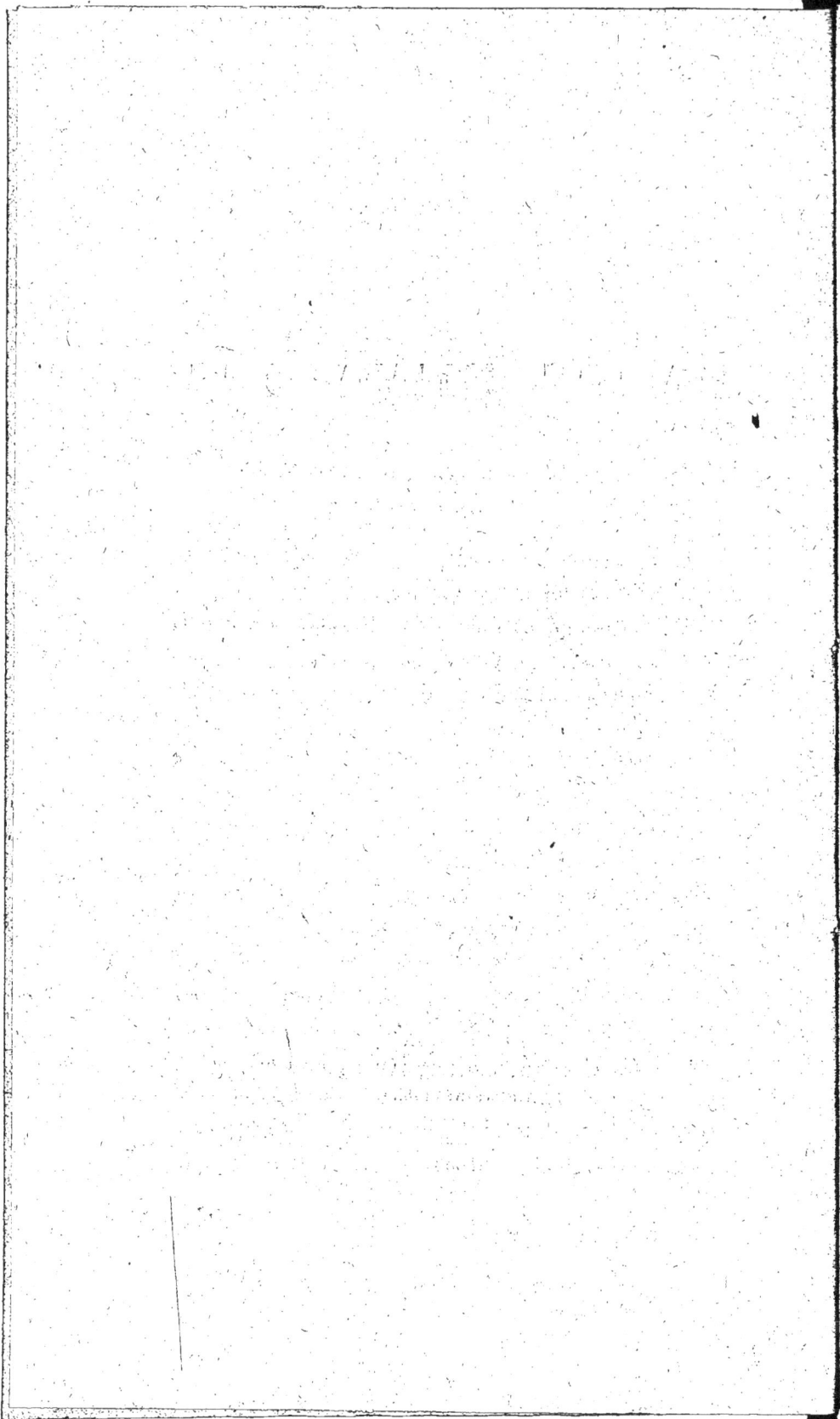

PRÉAMBULE.

Depuis environ trente ans, la question de l'unité des races humaines est agitée avec une ardeur qui trahit un tout autre motif que celui d'une curiosité purement scientifique. A la passion qui anime les défenseurs et les antagonistes de l'unité, on sent que quelque grand intérêt est en jeu : en effet, sur ce terrain, en apparence neutre, la foi et l'incrédulité, le spiritualisme et le matérialisme, le théisme et le scepticisme se sont donné rendez-vous, tout prêts à se livrer de nouveaux combats, la foi pour étendre avec les armes de la science ses conquêtes qui vont toujours se multipliant, et l'incrédulité pour tâcher de se relever de ses vieilles défaites, pour regagner, s'il est possible, un peu du terrain perdu. Les combattants pour et contre portent des noms significatifs : en faveur du système de la pluralité des races, vous rencontrez les Volney, les Lamarck, les Bory de Saint-Vincent, le Virey, les de Maillet, et à leur suite, MM. Jacquinot, Desmoulins, l'américain Morton avec Georges Pouchet, notre contemporain, qui, nouvel athlète, reprend avec une nouvelle ardeur la thèse défendue par ses devanciers. A l'encontre de cette doctrine se présentent les Buffon, les Cuvier, les Blumenbach, les de Humboldt, les Serres, les Blainville, les Flourens, les de Quatrefarges, — qui vient de publier une nouvelle défense de l'unité des races humaines, — et le savant professeur d'histoire naturelle de Nancy, M. Godron, qui a si bien défendu la même thèse dans son grand ouvrage *De l'Espèce et des Races chez les êtres organisés.*

Si nous vivions à l'époque où l'on jurait sur la parole du maître, où sans plus ample examen on se rangeait du côté des autorités les plus nombreuses et les plus fortes, la question serait bientôt jugée; le savoir des antagonistes de l'unité, si grand qu'on le suppose, ne saurait contrebalancer le renom de ses défenseurs, tous naturalistes éminents, les plus éminents dont s'honore la science. Mais aujourd'hui, la seule autorité qu'il soit permis d'invoquer c'est celle des faits et du raisonnement : et tout ce que nous avons à faire c'est de chercher en faveur de qui se prononcent les faits. Notre but est de dégager la question de tout appareil scientifique, de la réduire aux termes les plus simples, afin que chacun puisse comprendre et juger sans être condamné à feuilleter les innombrables volumes qui depuis un demi-siècle ont été publiés sur ce grave sujet. La question est tout à la fois anatomique, physiologique et psychologique ; elle regarde par conséquent tout autant les philosophes que les naturalistes : et peut-être faut-il leur double concours pour écarter les nuages et les doutes qui l'ont enveloppée jusqu'à ce jour.

DE L'UNITÉ

DES RACES HUMAINES

L'étude des croyances religieuses conduira celui
qui s'en occupera à reconnaître l'unité de ces croyances, et par suite l'unité de l'espèce humaine.
(GUDRON, *De l'Espèce et des Races*, t. II, 4015)

PREMIÈRE PARTIE

De l'unité morale

Il est des hommes blancs ; il est des hommes noirs ; il en
est de jaunes et de cuivrés : de ces quatre variétés on a
fait quatre grandes familles dans lesquelles viennent se ran-
ger tous les habitants du globe quelle que soit la diversité
de leur nuance. La race noire habite principalement l'Afrique ; on la rencontre aussi en Australie et dans la Méla-
nésie ; la race blanche a pour demeure l'Europe ; la race
jaune l'Asie, et la race cuivrée le Nouveau-Monde.

Au dire de certains naturalistes, la différence de couleur
qui sépare les hommes entraîne avec elle beaucoup d'autres
différences, telles que la forme de la tête, le volume du cerveau, la configuration de la bouche, du menton, des yeux,
des bras, des jambes ; telles que la nature lisse, crépue ou

laineuse des cheveux ; et à leur sens, ces différences bien
comprises ne permettent pas de s'arrêter un instant à l'idée
de faire sortir tous les hommes d'un seul et même couple
primitif.

Tout en reconnaissant ces différences, les naturalistes
unitaires leur refusent l'importance que leurs adversaires
croient devoir y attacher ; ils n'y voient, eux, que des différences superficielles, qui s'effacent ou perdent toute importance quand on considère les ressemblances radicales et
profondes qui rapprochent tous les hommes et rendent sensible aux moins clairvoyants l'unité de leur nature, et subsé-
quemment l'unité de leur origine.

Voilà donc deux systèmes en présence :

Unité de nature et d'origine des races humaines ; diversité de nature et d'origine de ces mêmes races. — Qui a
tort ? Qui a raison ?

« L'importance du problème n'est pas petite, dit M. G.
» Pouchet (*De la pluralité des races humaines*, p. 3) ; c'est
» assurément l'une des plus grandes questions que puisse
» agiter la science, plus grande peut-être que celle qui
» s'éleva au temps de Galilée, quand il fut question de ren-
» verser des idées vieilles comme le monde et appuyées sur
» un témoignage dont il n'était pas permis de douter. Il
» s'agit presque d'un dogme et non d'un fait accessoire. La
» science se heurte ici avec la religion, comme autrefois en
» astronomie ; et nulle part le choc n'est plus violent, nulle
» part les conséquences n'en peuvent être aussi grandes. »

Nous partageons la manière de voir de M. G. Pouchet sur
la gravité de la question agitée, mais sans concevoir aucune
alarme sur les intérêts de la foi. La science, jusqu'à ce jour,
a tant de fois trahi les prétentions du déisme, de l'incrédu-

lité, du matérialisme, qu'elle pourrait bien encore faire défaut à leurs espérances.

La question posée et son importance reconnue, si l'on se demande qui jugera ce grand procès pendant entre les naturalistes unitaires et les naturalistes anti-unitaires, nous ne connaissons qu'une réponse : le seul et vrai juge compétent, le seul dont la compétence soit avouée de part et d'autre, c'est la science ; je m'explique, c'est la science de l'homme, et de l'homme tout entier, étudié tout à la fois dans son âme et dans son corps, dans son intelligence et dans ses organes, dans son être moral et dans son être physique ; car il faut absolument, si tous les hommes sont réellement frères, s'ils ont une même nature, que toutes leurs facultés spirituelles et corporelles, toutes leurs puissances, tous leurs instincts, en un mot, que toutes les pièces de leur être rendent témoignage de cette fraternité ; comme aussi, si elle n'existe pas, leur constitution intérieure et extérieure doit accuser leur diversité de nature.

C'est donc à la science de l'homme, et de l'homme tout entier, qu'il faut demander le jugement définitif de tout le procès, afin d'éviter la faute commise par la presque totalité des naturalistes, de ne s'adresser qu'à la science de l'homme organique ; car, avant tout, l'homme est une intelligence servie par des organes ; et si, par l'étude de cette intelligence, on venait à découvrir que tous les hommes, et dans leurs idées, et dans leurs croyances, et dans leur conscience, témoignent d'une profonde unité ; si on les voyait tous, par exemple, se rallier autour d'un certain nombre de principes communs ; s'il n'y avait, pour toutes les tribus de la grande famille humaine, qu'un même *bon sens*, qu'une même *logique*, qu'une même *raison* fonda-

mentale, qu'une même *conscience*, qu'une même notion élé-
mentaire du bien et du mal, du juste et de l'injuste ; et s'il
y avait aussi pour eux un certain *Credo* commun religieux,
ne faudrait-il pas voir dans toutes ces concordances la
preuve d'une unité qui en vaudrait bien une autre, d'une
unité ayant son siége au plus profond de l'être, là où ne
peuvent aboutir les influences des agents extérieurs. Ne
serait-ce pas là la véritable unité, l'unité première et radi-
cale demeurée intacte au milieu des changements survenus
au dehors ? Et cette unité trouvée n'entraînerait-elle pas
l'unité d'organisation, en vertu de ce principe : que des
existences morales servies par des organes, si elles sont
sœurs, doivent être servies par des organismes semblables ;
sans cela, leur unité, desservie par des instruments différents, serait faussée dans ses manifestations ? — Les anti-
unitaires nous disent : « Deux organismes semblables
» supposent les puissances psychiques servies par eux (G.
» Pouchet, p. 17) également semblables. » Donc, par la
même raison, deux existences morales reconnues semblables supposent également semblables les deux organismes
par lesquels elles sont servies. Il ne faudrait pas conclure
de ce mode d'induction que nous voulons écarter la question anatomique et physiologique pour nous dispenser de
démontrer l'unité organique des races humaines ; nous voulons, au contraire, examiner le problème à son double point
de vue physique et moral ; seulement, au lieu de commen-
cer par l'étude de l'homme physique, ainsi qu'on l'a fait
jusqu'à ce jour, nous commencerons par l'étude de l'homme
moral, c'est-à-dire que nous chercherons d'abord si l'unité
de nature intellectuelle et morale est une vérité ou une
erreur, si elle est démontrée ou contredite par les faits. En

second lieu, nous chercherons si les faits viennent de même à l'appui ou à l'encontre de l'unité de nature organique ; car nous ne voulons pas faire autre chose que de mettre les deux doctrines des polygénistes et des monogénistes en présence des faits qui seuls peuvent les consacrer ou les renverser.

Question bien posée est, dit-on, à moitié résolue ; commençons donc par chercher où réside le véritable état de la question, où se trouve le point précis qui divise les défenseurs et les antagonistes de l'unité des races humaines.

Au point de départ, il n'y a point de dissentiment ; de part et d'autre on est d'accord sur ce fait, qu'il y a des hommes de différentes couleurs, de différentes conformations ; que sous les diverses latitudes du globe leur extérieur présente une grande variété, et que ces différences, quand elles sont bien marquées, autorisent à réunir les individus chez lesquels on les rencontre sous plusieurs groupes qu'on appelle des races Tout est bien jusque-là ; mais voici où commence le désaccord. Quelle est la nature des différences qui séparent ces divers groupes ? — D'après les unitaires, ces différences sont légères, superficielles, mobiles, accidentelles, et produites, d'une part, par les nombreux agents modificateurs au milieu desquels nous vivons et dont nous subissons sans cesse l'action inévitable ; de l'autre, par cette loi de la nature qu'on peut appeler la loi de variété, qui fait naître des mêmes parents des enfants dissemblables au physique et au moral ; et enfin, par l'inégalité des dons de la nature et l'inégalité plus grande peut-être encore du degré de culture de ces dons, culture quelquefois si négligée, qu'elle réduit certains hommes à une vie d'avorton, pendant qu'avec du zèle et des soins intelligents, elle en

élève certains autres à la hauteur de ces existences vigou-
reuses qui jouissent de toute la plénitude de leur développement. D'après eux, il n'y a pas plusieurs humanités, il n'y
en a qu'une, différemment manifestée par chaque race et
demeurant au fond toujours la même, si variés que soient
les individus qui la représentent ; car un peu d'attention
suffit, à leur sens, pour reconnaître dans tous les hommes,
malgré les différences qui les distinguent, des copies diver-
sifiées d'un même moule, des épreuves multiples d'un seul
et même type invariable.

D'après les anti-unitaires c'est tout autre chose. A leurs
yeux, les différences qui séparent les diverses races sont
profondes, radicales, permanentes, contemporaines de l'origine de chacune d'elles, tout à fait incorporées à leur constitution, à tel point que rien ne peut les effacer ni les
détruire ; qu'on les retrouve toujours et partout vivantes
dans chaque individu, transmises par la génération, ne passant jamais d'une race à une autre, ne faisant jamais défaut
à celle à laquelle elles appartiennent, et lui servant toujours
de signe caractéristique. D'où il suit que pour les polygénistes il n'y a pas une seule humanité, il y en a plusieurs,
diverses et inégales en ce sens qu'elles n'ont ni les mêmes
aptitudes, ni les mêmes goûts, ni les mêmes instincts, ni
les mêmes lois, ni les mêmes facultés ; et cependant semblables en cet autre sens que chacune d'elles compense ce
qui lui manque d'un côté par les qualités qu'elle possède
en propre de l'autre. D'où cette autre conclusion, qu'on ne
peut leur assigner une seule et même origine ; qu'il faut
les rapporter à plusieurs centres et à plusieurs berceaux
distincts : « par exemple au voisinage de la ligne équato-
» toriale pour la race nègre, à l'Atlantique pour la race

» rouge, au centre de l'Asie pour la race jaune, et à l'Asie
» mineure pour la race blanche. » (*Revue des Deux-Mondes*, 1845, avril. A. M. Esquiros.)

Le point précis du débat étant connu, le moyen de le
vider se présente de lui-même. Le nouveau défenseur de la
pluralité des races, M. G. Pouchet, l'indique parfaitement
(P. 94) : « Il ne faut pas, dit-il, se borner à énoncer les
» différences qui séparent les races, il faut les *démontrer*
» comme l'a fait M. Renan pour les différences morales. »

On ne peut mieux dire ; une telle démonstration est
évidemment nécessaire, et pour justifier le système, et
pour désabuser une fois pour toutes la pauvre humanité de
sa vieille erreur, car, à tort ou à raison, elle a toujours
cru et croit encore à son unité. Dans le monde païen, elle
témoignait de sa foi par ces paroles d'un de ses plus grands
poètes : *Homo sum et nihil humani à me alienum puto.* Je
suis homme, et rien de ce qui est homme ne m'est étranger. Paroles que tout un peuple païen, barbare encore par
bien des côtés, accueillait cependant avec des applaudisse-
ments unanimes. Et dans le monde moderne, elle témoi-
gne de la même foi par le double mouvement qui, depuis
l'ère chrétienne, emporte les nations ; les unes, celles qui
sont déjà chrétiennes, à communiquer et à propager leurs
croyances ; les autres, celles qui ne le sont pas, à s'affranchir graduellement de leurs grossières superstitions pour se
rallier au symbole de leurs sœurs aînées (1).

(1) Nous avons, dit très-bien M. P. Rémusat, une répugnance
instinctive à croire à une inégalité originelle et permanente entre
les hommes ; nous avons un penchant à nous regarder comme
une seule famille, et nous croyons mieux comprendre la création
en la restreignant sur un seul point du globe. (*Revue des Deux-
Mondes*, 1854.)

Si, comme l'assurent les polygénistes, l'humanité s'est
trompée en croyant à son unité, il faut convenir qu'il n'y
eut jamais d'erreur plus excusable. Les divers peuples qui
la représentent depuis qu'elle est dans ce monde ne nous
offrent-ils pas, dans leur histoire, le jeu des mêmes passions, des mêmes idées, des mêmes sentiments? Ne les
voit-on pas déployer partout les mêmes instincts, les mêmes
tendances, les mêmes aptitudes; ne les voit-on pas cultiver
les mêmes arts, les mêmes sciences, et dans chaque art
et chaque science se diriger d'après les mêmes principes,
se gouverner d'après les mêmes règles, et aboutir aux
mêmes résultats? Les différences des temps et des lieux les
ont-elles empêchés d'arriver à une seule et même arithmétique, à une seule et même géométrie, à une seule et
même notion du droit primitif, du droit fondamental,
tant il y a d'uniformité dans les lois qui régissent leur intelligence! Les rapports des navigateurs, des voyageurs et
des missionnaires, aujourd'hui répandus sur tous les points
du globe, ne sont-ils pas unanimes à nous apprendre que
partout, barbares ou civilisés, ignorants ou savants, sauvages ou lettrés, les hommes étendent tous leurs espérances par delà ce monde, et leurs croyances à d'autres êtres
qu'à ceux que nous voyons et que nous touchons? Et à
ceux qui ne veulent juger que d'après eux-mêmes, d'après
leurs propres observations, ne peut-on pas dire : regardez
autour de vous, regardez bien et vous verrez l'unité de
l'espèce humaine écrite sur son front en caractères tellement visibles, qu'il faut être aveugle pour ne la point
apercevoir. Cette unité se découvre dans l'âme de chaque
homme par la possession des mêmes facultés; par exemple,
d'une intelligence pour comprendre, d'une raison pour

raisonner, d'une volonté pour agir. d'une sensibilité pour aimer ou haïr, jouir ou souffrir, d'une mémoire pour rappeler le passé, d'une imagination pour sonder l'avenir, et d'un sens moral toujours agissant ou par le remords ou la paix du cœur pour nous diriger dens le choix du bien ou du mal. Elle n'est pas moins sensible cette unité dans l'organisation de tous les hommes, pourvus des mêmes sens, du même nombre d'os, de muscles, de nerfs, de veines, d'artères, et des mêmes fonctions tendant au même but, la conservation de la vie. Dans l'existence de chaque homme ce sont les mêmes périodes : d'enfance, de jeunesse, d'âge mûr, de vieillesse, avec à peu près la même durée dans les différentes parties du globe, avec les mêmes moyens de nutrition, avec les mêmes lois de conception, de gestation, de génération. Or, que faut-il de plus que l'identité des puissances organiques, morales et intellectuelles pour établir l'unité de nature chez tous les hommes ?

Mais puisque les anti-unitaires affirment que l'humanité se trompe en croyant à son unité ; que son erreur, toute excusable qu'elle est, n'en est pas moins une erreur ; qu'en réalité il y a plusieurs espèces d'hommes, plusieurs humanités tout-à-fait distinctes les unes des autres, et que rien n'est plus facile à démontrer à quiconque consent à écarter pour un moment les vieux préjugés reçus, empressons-nous de les écouter, demandons-leur de nous mettre sous les yeux quelques-unes de ces *nombreuses différences profondes* (G. Pouchet, p. 65) que leurs regards, plus clairvoyants que les nôtres, aperçoivent entre les blancs et les noirs, les rouges et les jaunes ; et n'oublions pas que ces différences, pour prouver ce qu'il faut prouver, doivent se rencontrer dans tous les individus d'une même race, en eux seuls et jamais parmi les individus d'une autre race, afin que la ligne de démarcation soit maintenue ; qu'elles doivent s'y rencontrer toujours et partout ; qu'elles doivent être ineffaçables, indélébiles, incommunicables. A ces conditions seules, ces différences mériteront le nom qu'on leur attribue de radicales, de profondes, de spécifiques, de vraiment caractéristiques d'une race, d'une classe d'hommes à part, au point d'en former une véritable *espèce*.

Jusqu'à ce jour, les différences signalées entre les diverses races humaines, au point de vue moral, n'avaient rien de bien tranché : c'était des goûts particuliers, des aptitudes diverses, des tendances spéciales, ou de simples inégalités dans les dons de la pensée plutôt que des qualités exclusivement propres à telle ou telle race. Le nouveau défenseur du système de la pluralité des races, M. G. Pouchet, a beaucoup mieux trouvé. D'après lui, l'humanité se partage d'abord en deux grandes portions : l'une qui a une religion, et l'autre qui n'en a pas, l'une théïste et l'autre athée ; car, nous dit l'auteur (P. 99) : « L'idée de Dieu » n'est pas universelle, comme on l'a cru longtemps et » comme le croient encore ceux qui n'hésitent pas à prou- » ver l'existence de Dieu par le consentement unanime de » tous les peuples ; cette preuve, bonne peut-être quand » on ne connaissait que la moitié des continents, se trouve » fausse aujourd'hui, quoique nous n'ayons pas encore » pénétré chez les peuples les plus reculés.

» A côté des peuples de l'Asie, de l'Europe et de l'Amé- » rique, où les idées religieuses et la civilisation semblent » s'être développées simultanément, quoique dans des di- » rections différentes, on trouve des peuples qui n'ont *ni* » *idées religieuses, ni dieux, ni religion* (P. 63). Trois

» vastes régions de la terre paraissent être restées jusqu'à
» notre époque *franches* de croyances religieuses : c'est
» l'Afrique centrale, l'Australie et les terres borréales. Ce
» n'est pas que la race nègre tout entière ignore l'idée de
» Dieu et n'ait pas la moindre notion de ce que c'est qu'une
» religion ; par ses relations avec les autres branches de la
» famille humaine, elle a emprunté des idées qu'elle n'au—
» rait jamais *inventées* avec la part d'intelligence que lui a
» donnée la nature. »

Pour le coup, voilà une différence bien nette et bien
tranchée, une différence qui, si elle est réelle, résout la
question sans difficulté. Cette fois, nous avons une ligne
de démarcation parfaitement tracée ; aucune équivoque n'est
possible. Voilà tous les hommes partagés en deux groupes
bien distincts, les croyants et les mécréants ; et les uns et
les autres se trouvant tels, non par leur volonté, mais par
un travail spontané de leur intelligence. Rien ne saurait
être mieux séparé. Il ne s'agit plus que de savoir si les
choses se passent de la manière que l'affirment les polygénistes ; car c'est une affirmation toute nouvelle et pleine de
hardiesse, et pourtant d'une hardiesse qui se comprend :
que pourraient, en effet, prouver toutes les différences
organiques si tous les hommes se ressemblaient par le côté
moral, par exemple s'ils avaient tous certaines croyances
religieuses identiques ? Cette unité intellectuelle et morale
ne dominerait-elle pas tout le reste, ainsi que le dit M. G.
Pouchet lui-ême (P. 192) : « La véritable anthropologie,
» envisageant l'homme tout entier, ne doit pas négliger sa
» valeur psychique ou psychologique ; quoique la craniosco-
» pie ne soit, en fin de compte, qu'une appréciation
» détournée de celle-ci, on n'avait jamais pensé jusqu'à

» ces dernières années à mettre en avant le caractère pure-
» ment intellectuel des races comme devant aider à leur
« classification. C'est là pourtant un point de départ plus
» rationnel que de classer les hommes d'après le siége
» matériel de ces différences : et l'école américaine, adop-
» tant aujourd'hui complètement ces vues, rétablit les
» variétés morales à leur véritable place, comme dominant
» la craniologie et toutes les différences matérielles qu'on a
» observées et qui n'en sont que l'expression. »

« La religion d'un peuple, dit encore M. G. Pouchet
» (P. 94), étant la manifestation supérieure de ses ten-
» dances intellectuelles et morales, on voit que l'étude des
» religions rentre tout naturellement dans l'anthropologie ;
» c'est une partie de cette étude comparée de l'esprit
» humain, si négligée malheureusement, qui commence à
» prendre une place digne de son importance dans la
» science. »

On ne peut pas mieux dire : c'est par ce côté, le côté
religieux, le plus important de tous parce qu'il tient à ce
qu'il y a de plus profond dans l'homme, qu'il faut compa-
rer les races humaines si l'on veut trouver une preuve sans
réplique ou de leur unité ou de leur diversité foncière,
suivant que les faits nous les montreront pourvues ou
dépourvues de sentiments religieux.

Leur unité sera évidemment une conséquence de leurs
croyances religieuses si elles en ont toutes ; car, même dans
les plus divergentes, il y a un fond commun ; dans toutes,
sans que l'idée en soit exactement la même, ou mieux sans
qu'elle soit également développée, on admet une âme, un
Dieu, une vie future, une rétribution proportionnée au
bien ou au mal qu'on a fait en ce monde. Ces quatre idées

vont ensemble, en même temps qu'elles constituent le fond
de toute religion, elles s'appellent les unes les autres : l'idée
de l'âme ou de l'esprit qui vit en nous et meut nos organes,
conduit à l'idée de l'esprit qui meut et gouverne le monde ;
et comme nécessairement entre ces deux êtres il y a de
rapports, de ces rapports dérive la loi du bien, dont l'observation s'appelle vertu.... Il ne faut donc pas s'étonner que
partout où se trouve une de ces idées, on rencontre aussi
les trois autres ; elles forment une synthèse dont les éléments sont indissolubles.

Si donc par hasard il était vrai que toutes les races
humaines eussent des croyances religieuses, il s'ensuivrait immédiatement qu'elles ont des idées communes ; que d'un
bout du monde à l'autre elles répètent en chœur un certain
Credo commun ; et que, par ce *Credo*, elles attestent et
proclament leur unité : mais cette unité en présuppose
une autre : celle des idées qui précèdent et préparent cette
croyance commune et celle des facultés qui produisent ces
idées ; par là, on se trouve sur la voie de reconnaître
l'unité totale de l'esprit humain à travers les formes variées
sous lesquelles il se manifeste. Incontestablement, s'il en
est ainsi, le procès pendant entre les unitaires et les anti-
unitaires sera bientôt jugé.

Il n'est donc pas étonnant que M. G. Pouchet, pressen-
tant sans aucun doute toutes les conséquences que l'on
pourrait tirer de ce fait, savoir que tous les hommes ont
des croyances religieuses communes, se soit recueilli pour
savoir si, historiquement parlant, il fallait accorder ou
contester ce point ; et qu'ayant trouvé ou cru avoir trouvé
des raisons plausibles pour le contester, il s'y soit attaché
comme à un argument décisif, comme à une planche de

2

salut. Peut-être aussi a-t-il trouvé dans l'école américaine où il s'est formé, des lumières qui nous manquent à nous autres Français, habitants d'un sol dont les inspirations ne sont pas les mêmes que celles des provinces méridionales des États-Unis d'Amérique (1).

Quoi qu'il en soit, où qu'il ait appris qu'il existe des races d'hommes sans aucune notion de Dieu, sans aucune croyance religieuse, voyons s'il prouve ce qu'il avance, s'il justifie ses allégations, car c'est là tout ce qu'on est en droit de lui demander.

Laissons-le choisir ses témoins et ses autorités; donnous-lui toute latitude sur ce point, car, comme lui, nous ne voulons qu'une chose, la manifestation de la vérité quelle qu'elle soit.

« Et d'abord, il commence par reconnaître que l'Afrique centrale, l'Australie et les Terres Boréales, qu'il dit être restées jusqu'à nos jours *franches* de toute croyance religieuse, sont les trois parties du monde les plus difficiles à explorer et les seules qui ne l'aient pas encore été tout entières. » (P. 96.) Lecteur, vous allez dire : Si ces régions n'ont pas été encore visitées, comment M. G. Pouchet peut-il savoir ce qui s'y passe, si les hommes qui les habitent ont ou n'ont pas des idées religieuses? Voici sa réponse : « Sur un point d'une aussi grande importance, il ne faut, dit-il, s'en rapporter qu'à des témoignages d'une authenticité probable; et il faut écarter le témoignage de tous ceux

---

(1) Les États du Sud, chez lesquels tout le travail se fait par des esclaves noirs, sont plus que partisans de l'esclavage, et par suite de la pluralité des races, ils s'en sont fait les défenseurs fanatiques.

qui admettent à *priori* sans examen préalable, l'universalité des croyances religieuses comme conséquence de l'unité
primitive du genre humain. » Nous souscrivons à toutes ces
règles de prudence et de précautions destinées à préserver
de l'erreur, nous permettant seulement d'ajouter qu'elles
doivent s'appliquer également aux uns et aux autres, aux
polygénistes comme aux monogénistes ; car il ne faut de
privilége pour personne.

Arrivons aux preuves : « Dans un mémoire, excellent du
reste, sur les Esquimaux, M. B. King, missionnaire, dit
que ces peuples croient à des récompenses et à des puni-
tions futures, et qu'ils ont même conservé un vague souvenir de la création et du déluge. Mais évidemment, ajoute
M. G. Pouchet (P. 97), B. King a exagéré, sinon le fait
même, du moins la nature de ces croyances ; car il dit quelques lignes plus bas : Autant que nous pouvons le savoir,
il n'existe chez les Esquimaux aucun culte religieux ; ce
qui semble une contradiction. » — Pas tout-à-fait : il y a
beaucoup de peuplades qui ont des croyances religieuses
sans avoir un culte organisé, sans avoir des temples, des
autels, des prêtres ; elles en sont encore au point où en
étaient les tribus d'Israël avant l'établissement de l'Arche,
des dix tables de la loi et de la destination de la tribu de
Lévi aux cérémonies du culte. Tel quel, le témoignage de
B. King, s'il ne prouve pas que les Esquimaux aient des
croyances religieuses, bien certainement ne prouve pas non
plus le contraire. A l'endroit des Esquimaux, s'il faut en
croire quelqu'un, ce sont sans doute les frères Moraves
établis au Groënland depuis 1733, et qui n'ont cessé depuis
cette époque de travailler à la conversion et à la civilisation
des indigènes ; double résultat qu'ils ont atteint. Or, que

nous apprennent-ils sur ces peuplades, dont une partie, celle qui n'a pas été convertie, conserve encore ses anciennes croyances? Ils nous apprennent, d'après ce qu'ils ont vu, « qu'ils croient à l'existence d'êtres surnaturels (Prichard, p. 280) exerçant leur empire sur la destinée des hommes. Ils croient à des esprits bons et mauvais, qu'ils ne confondent point avec les âmes des défunts ; ils admettent au fond de l'Océan un lieu de délices où habite le Grand Esprit avec sa mère. C'est dans cet Élysée peuplé de poissons et d'oiseaux qui se laissent prendre sans chercher à fuir que se rendent les âmes de ceux qui ont affronté de grands périls. Un Esquimau disait un jour à l'un des missionnaires : qu'il avait souvent fait la réflexion qu'une pirogue, avec toutes les pièces qui la composent, ne se produisait pas elle-même , qu'il fallait un ouvrier pour la construire ; mais, ajoutait-il, un oiseau est bien plus difficile à faire, et si l'on me dit qu'il a été fait par son père, je demanderai qui a fait son père. Ce qui l'amenait à comprendre la nécessité d'un Ouvrier suprême pour expliquer les œuvres merveilleuses de la nature. De là, dit le docteur Prichard, ne faut-il pas conclure (P. 294) que la raison et le bon sens ont suggéré aux Esquimaux les mêmes idées qu'aux autres hommes, et que leurs idées religieuses, pour être encore chez eux à l'état rudimentaire, n'en témoignent pas moins, par leur similitude avec celles des autres peuples, d'une communauté de nature morale, intellectuelle et psychologique !

» Depuis l'introduction du christianisme parmi les Esquimaux du Groënland, les superstitions nationales ont disparu presque partout ; les pratiques de sorcellerie (1) sont

(1) Chez toutes les tribus sauvages, on trouve une classe d'hom-

aujourd'hui pour ainsi dire inconnues tout le long du littoral ; et quoique leur mode de vie ait conservé une certaine rudesse, il n'en est pas moins vrai qu'ils forment maintenant un peuple civilisé, grâce à l'influence bienfaisante de la religion. »

Nous reproduisons à dessein ces lignes que l'on trouve au bas de la page 293, tome II, de l'ouvrage du docteur Prichard, parce qu'elles constatent un fait qui nous servira plus tard de réponse à l'une des plus graves assertions de l'école polygéniste.

» Les peuples de l'Australie, continue M. G. Pouchet » (P. 101), nous présentent la même absence d'idées religieuses ; et d'après l'opinion générale, leur intelligence est trop inerte même pour *l'évolution d'une superstition.* » Et pourtant notre auteur ajoute : « Il est bien vrai que l'expé- » dition américaine du capitaine Gray crut découvrir chez » eux des idées religieuses. » Qui croire, ou de l'expédition américaine parlant de ce qu'elle a vu et affirmant avoir trouvé des croyances religieuses chez les Australiens, ou de M. G. Pouchet qui nie l'existence de ces croyances sans alléguer d'autres motifs de sa négation, sinon que ces

---

mes appelés *sorciers,* qui ont pour fonctions de servir d'intermé- diaires entre la divinité du lieu et ceux qui ont quelque demande à lui faire. Ils sont censés revêtus de la puissance de prévenir les orages, de faire cesser les fléaux terrestres, de guérir les maladies. Ils président aux épreuves qui ont pour but de discerner l'inno- cent du coupable. On les invoque quelquefois après leur mort ; ils ont un grand ascendant sur l'esprit des populations. (Jacquinot, *Zoologie,* t. II. p. 207 et 209.) Le docteur Livingstone rapporte tout au long un entretien fort curieux qu'il eut avec les sorciers du pays sur les prétendus pouvoirs dont ils se disaient investis.

croyances n'exercent, d'après Latham, aucune influence sur les actions des indigènes? Mais reprocher à des croyances de n'influer en rien sur la conduite de ceux qui en sont imbus, n'est-ce pas reconnaître qu'ils les possèdent? et s'ils les possèdent, n'est-ce pas là tout ce qu'il s'agit de savoir pour le moment? « Que peut-on faire, dit Parker » (P. 109), d'une nation dont la langue ne connaît pas de » termes correspondant aux idées de *justice*, de *péché*, de » *crime*, d'*honnêteté?* » — « Mais, répond M. Livingstone, » conclure de là que les tribus qui parlent cette langue sont » étrangères aux notions exprimées par ces mots serait une » grande erreur ; les actes prouvent le contraire ; il n'y a là » qu'une pauvreté de langage qui s'applique aux faits phy- » siques comme aux faits de l'ordre moral. Dans cette même » langue, il n'y a pas de mots particuliers pour exprimer » les idées générales d'*arbre*, d'*oiseau*, de *poisson*. Faut-il » en conclure que l'Australien confond toutes ces choses? » On a prétendu que la race australienne était athée ; aujourd'hui, il est bien reconnu qu'elle a la notion d'un Dieu, d'une vie future, mais seulement une notion imparfaite. « Il n'est pas toujours facile, dit M. Alf. Jacobs (*Revue des* » *deux Mondes*, janv. 1859, p. 110), de se faire une idée » exacte des croyances des Australiens ; ils sont peu commu- » nicatifs sur ce point, et leurs idées ne sont pas toujours » bien nettes. Parmi leurs visiteurs, les uns ont affirmé » qu'ils ont des divinités et des pratiques religieuses, tan- » dis que les autres ont nié le fait. Il semble certain tou- » tefois qu'ils croient à un Être supérieur, cause première » de toutes choses, et à une sorte d'âme ou d'esprit dis- » tinct du corps, qui, à la mort, s'en va dans un grand » trou situé à l'Ouest, réceptacle commun de toutes les

» âmes. D'autres pensent que l'esprit se retire au milieu
» des nuages, et que là, réalisant l'idéal du bonheur, rêvé
» ici-bas, il trouve tant qu'il veut à manger et à boire,
» sans *jamais manquer de chair de kangourou* (1). Suivant
» d'autres tribus, un être tout-puissant, qui habite avec ses
» trois fils au-dessus des nuages, a tout produit. Ils admet-
» tent des esprits méchants qui, la nuit, rôdent dans l'air,
» brisent les arbres et maltraitent les hommes. Il y a parmi
» eux, comme parmi les autres nations sauvages, des sor-
» ciers qui guérissent les malades, produisent la pluie et
» dissipent les orages ; les vents et la foudre leur obéissent.
» A ceux qui leur demandent la raison de leurs croyances
» et de leurs pratiques, ils répondent : *Nos pères faisaient*
» *ainsi.* Il paraît qu'ils n'ont pas toujours été étrangers à
» à l'anthropophagie ; mais ils le nient, preuve que cette
» coutume leur fait horreur. »

« On a constaté, dit M. de Quatrefages (*Revue des Deux-
Mondes*, fév. 1861), chez toutes les tribus australiennes la
croyance aux esprits et la crainte des revenants. Chez toutes, les morts sont enterrés avec des cérémonies particulières. Le lieutenant Britton a eu occasion de voir ces rites
funèbres chez des peuplades des bords du Wallomby. Leurs
tombes, très-régulières, sont entourées de cercles d'écorce
destinés à les protéger contre l'attaque des mauvais génies ;
des armes y sont déposées pour que le défunt, quand il en
sortira, les trouve à sa portée et puisse en user contre ses
ennemis ; ce qui montre suffisamment qu'ils ont la notion
d'une autre vie. — Dans toutes les tribus, on trouve encore

(1) Animal indigène du pays et dont les Australiens sont très-
friands.

la croyance à un génie du bien et un génie du mal. Aux
environs de Sidney (D'Urville, *Voyage de l'Astrolabe*, t. I,
p. 464), le génie du bien a un nom particulier ; c'est lui
qu'on invoque lorsqu'il s'agit de retrouver les enfants éga-
rés. Pour se le rendre favorable, on lui fait une offrande
de dards. Si les recherches sont vaines, on en conclut que
le génie est irrité. Le mauvais génie rôde autour des caba-
nes pendant la nuit, cherchant à dévorer les habitants. A
côté de ces deux divinités supérieures, les Australiens pla-
cent des génies secondaires, espèces d'anges ou de fées des
bois, qui se nourrissent de miel. » Tous ces détails, qui
nous sont donnés par Cuninghan (1), sont pleinement confirmés par Wilkes, d'après les informations qu'il a prises
auprès des missionnaires de Wellington ; seulement, les
noms sont autres, à raison de la différence des dialectes
parlés dans l'Australie.

Des témoignages aussi formels, aussi positifs, et provenant d'autorités aussi dignes de foi, paraîtront sans doute
au tribunal d'une raison impartiale avoir autant de valeur
que les assertions de M. G. Pouchet concernant le prétendu
athéisme des Australiens, assertions entièrement dénuées de

---

(1) Le docteur Cuningham a fait à la Nouvelle Galles du Sud
(Australie) quatre voyages en qualité de chirurgien surintendant
des bâtiments destinés au transport des convicts, et a séjourné
deux ans dans cette colonie. Il a étudié avec soin la population
indigène : il n'est rien moins qu'un de ses admirateurs ; et cependant, selon lui, les Australiens sont vifs, curieux, intelligents,
enjoués ; ils apprennent à lire et à écrire presque aussi vite que
les Européens. Les Australiens dont il parle sont ceux des environs de Sidney ; mais il déclare qu'il existe des populations bien
supérieures à celles de Sidney.

toutes espèces de preuves, alors que dans une matière aussi grave, il aurait fallu apporter des faits incontestés et incontestables, puisqu'il s'agissait de déshériter tout une grande portion de la famille humaine de la plus noble prérogative de l'humanité, de celle qui élève ses pensées au-dessus des choses de la terre, jusqu'à l'Être infini.

« Reste, dit M. G. Pouchet, les populations nègres du
» centre de l'Afrique. Or, par un singulier effet du hasard,
» nous retrouvons ici des témoignages relatifs à cette nul-
» lité de croyances religieuses aux trois angles de l'espace
» habité par la race nègre, aux trois points différents du
» grand triangle formé par les lignes reliant le Sénégal,
» Zanzibar et le Cap. » — John Leichton, missionnaire américain, qui a vécu quatre ans au milieu des Empongwes, un des peuples importants du centre de l'Afrique avec les Madingos et les Grebos, et qui connaît parfaitement leurs langues, déclare catégoriquement qu'il n'y a parmi eux ni religion, ni prêtres, ni idolâtrie, ni assemblées religieuses. — « Les missionnaires autrichiens, ajoute M. G. Pouchet,
» ont rencontré la même nullité, le même vide sur les bords
» du fleuve Blanc, l'une des branches du Nil (P. 102 et 103). »

Nous surprenons toujours M. G. Pouchet à faire la même faute. Il ne s'agit pas de savoir si chez les nègres africains il existe une religion constituée, avec des ministres, des temples, des assemblées périodiques ; la question n'est pas là : il s'agit tout simplement de savoir si ces peuplades ont des croyances religieuses ; en d'autres termes, si elles ont l'idée d'une âme, d'un Dieu, d'une autre vie ; car ce sont là les idées élémentaires et fondamentales de toute religion, et chacun sait que ces idées peuvent se rencontrer chez une peuplade sauvage, sans qu'elle ait pour cela ni temples, ni autels, ni ministres. — Or, la preuve que les nègres du centre de l'Afrique ne sont pas dépourvus de ces idées, je la trouve dans une note de M. G. Pouchet, insérée au bas de la page 103 : « Un jour, les sauvages de la mission à Korthoum, passant avec un des missionnaires autrichiens près d'une montagne, lui dirent de ne pas faire de bruit de peur de *réveiller l'esprit* de leurs pères qui dormaient là, c'est-à-dire qui y étaient ensevelis. » — Et voilà le peuple que M. G. Pouchet déclare manquer de toutes croyances religieuses ? Ils croient à la survivance de l'âme de leurs pères, et ils n'ont aucune idée religieuse ! Ils croient à l'esprit qui survit au corps, et ils n'ont aucune idée de l'esprit ! Lecteur, vous jugerez comme nous que c'est là une logique à l'usage d'une autre humanité que la nôtre ; vous conviendrez aussi qu'on ne peut pas mieux réussir à établir le contraire de ce qu'on veut prouver.

Pour compléter sa preuve, l'auteur ajoute : « Le nom que les Cafres et les Hottentots donnent à l'Être divin est une preuve irrécusable qu'ils n'avaient autrefois aucune idée de rien de semblable ; » et pour établir ce point, il nous raconte l'histoire vraie ou fausse de l'étymologie de ce mot, qui, d'après lui, servait jadis à désigner un sorcier fameux dans le pays, et qui continue encore d'être *invoqué*. Son nom est devenu celui du Dieu des missionnaires. De bonne foi, tout peuple chez lequel il y a des sorciers ou des magiciens qui continuent d'être invoqués après leur mort, peut-il être dit manquer de croyances religieuses ? Évidemment, on n'invoque après leur mort que ceux dont on sait que la puissance n'est pas éteinte, parce qu'elle a survécu à la ruine de leur corps. Une telle idée, parce qu'elle implique la croyance à une autre vie, ne résume-t-elle pas la religion naturelle tout entière ?

C'est un singulier spectacle que celui que nous donne M. G. Pouchet. Il devait nous apporter des témoignages nombreux, explicites, provenant de voyageurs d'une impartialité reconnue, attestant qu'après avoir soigneusement cherché s'ils ne surprendraient pas quelques traces de croyances religieuses chez les nègres, les Australiens et les Esquimaux, ils n'avaient rien découvert. Et en place de ce genre de preuves, le seul admissible, qu'avons-nous ? Une polémique qui s'attaque à tous les témoignages déposant en faveur des idées religieuses, s'efforçant d'en atténuer la force, de les frapper de suspicion, de les surprendre en contradiction ; il n'est pas de subtilité ou de mauvaise chicane auxquelles il n'ait recours pour atteindre ce but. Était-ce là ce que nous devions attendre d'un écrivain qui prend pour devise : *Boni viri nullam oportet esse causam præter veritatem*, devise équivalente à celle si connue : *Vitam impendere vero*, consacrer sa vie au culte de la vérité ?

L'universalité des croyances religieuses étant prouvée par les témoignages mêmes évoqués contre, nous pourrions nous dispenser d'apporter nous-même des preuves ; mais elles sont si nombreuses que nous n'avons qu'à choisir. Si quelqu'un doit être cru sur cette matière, c'est sans contredit le plus intrépide explorateur des régions du centre de l'Afrique, le docteur Livingstone, qui, de 1850 à 1860, a déjà fait plusieurs voyages dans ce dessein. Voici ses paroles : « Quelque dégradées que soient ces populations (du centre de l'Afrique, P. 179), il n'est pas besoin de les entretenir de Dieu, ni de leur parler de la vie future ; ces deux véri-

tés sont universellement reconnues dans ces régions. » —
Puis le voyageur ajoute : « L'absence d'idoles, de culte
public, de sacrifices quelconques chez les Cafres, chez les
Bechuanas, a fait croire tout d'abord que ces peuplades
professent l'athéisme le plus complet. Il en est de ces peuplades comme de beaucoup d'autres ; elles n'ont pas de
culte public, elles n'ont que des traditions qui se perpétuent de génération en génération. » L'un des voyageurs
les plus accrédités, qui a visité à plusieurs reprises l'intérieur de l'Afrique, M. Cambel, a découvert jusque chez
les Boskimans (1) la notion d'un être supérieur; dans son
second voyage, en 1820, il a obtenu d'un chef boskiman
des détails précis sur *Goha,* le dieu mâle placé au-dessus
des hommes, et sur *Ko,* le dieu femelle qui lui est inférieur. L'usage de ces peuples, dit M. de Quatrefages
(*Revue des Deux-Mondes,* 1860, p. 828), d'enterrer le
mort avec son arc et ses flèches, pour qu'il puisse encore
chasser, prouve qu'ils ont l'idée d'une autre vie. Pour eux,
le paradis est un lieu où ils trouveront sans cesse du gibier
en abondance. Chez les Hottentots on a reconnu la croyance
à une autre vie, ainsi que l'attestent les prières qu'ils
adressent au ciel pour éviter la colère des mauvais génies.
— « Quelques auteurs, dit d'Orbigny (*Revue des Deux-
Mondes,* 1860, p. 850, décembre), ont refusé toute
religion aux Américains. Il est évident pour nous que les

_____

(1) Les Boskimans, ou Bushmens, tribu africaine, l'une des
plus dégradées au physique et au moral, voisine des Cafres, de-
venue très-cruelle par suite des mauvais traitements des colons
européens, qui les pourchassent comme un troupeau de bêtes
fauves.

tribus mêmes les plus sauvages en ont une quelconque. »
— Or, chacun sait ce que valent de telles paroles dans la
bouche d'un voyageur qui a passé dix années à étudier
l'homme américain sur les lieux mêmes.

« J'ai assisté un jour, dit le docteur missionnaire Livingstone (P. 186, de son *Voyage dans l'Afrique australe*),
aux funérailles d'un Bushmen ; il était évident que ses
amis considéraient le trépassé comme vivant dans un autre
monde, car ils l'invoquaient et le priaient de ne pas s'offen-
ser du désir qu'ils éprouvaient de rester encore un peu de
temps ici-bas. — Une autre fois nous ne fûmes pas peu
étonnés d'entendre l'un des Bushmens qui nous accompa-
gnaient nous dire que Dieu lui ordonnait d'aller rejoindre
sa tribu ; il avait interrogé ses dés et il en avait reçu cette
réponse. »

Tous les phénomènes que les indigènes ne peuvent
expliquer par une cause ordinaire, dit le même auteur, tels
que la naissance, la mort, ils les attribuent à la divinité.
« Ces choses ont été faites par Dieu ; ou bien encore ce
n'est pas la maladie, c'est Dieu qui l'a tué, sont des phra-
ses qui tombent souvent de la bouche des naturels. Si on
leur parle d'un mort, ils vous répondent : il est allé près
de Dieu. Ayant demandé (p. 240) si on consentirait à me
céder quelques-unes des armes d'un vieux chef, mort depuis longtemps, il me fut répondu : *Il refuse*. Qui deman-
dai-je ? Lui-même, le chef, me dit-on. » On voit par là
que ces peuplades croient à une autre vie.

L'existence de Dieu leur est familière (P. 621), et il est
inutile de la leur expliquer. Le mot *Boza*, dont ils se servent pour désigner la divinité, est parfaitement compris et
ne soulève aucune objection. Comme presque tous les

nègres , les habitants de ce pays ont beaucoup de penchant à suivre un culte quelconque.

Ces nègres croient également à l'existence de l'âme une fois séparée du corps. Ils visitent les tombes de leurs parents, sur lesquelles ils déposent comme offrande de la bière et des vivres. Au moment de subir l'épreuve du poison (1), ils étendent les mains vers le ciel comme pour supplier le Maître de l'univers d'attester leur innocence. S'ils échappent à un danger quelconque, ils offrent en sacrifice une volaille ou un mouton en l'honneur de quelque parent décédé.

« Je m'empresse de répondre à votre invitation, dit un missionnaire de la Nouvelle-Calédonie, tout en regrettant que cet important travail ne soit pas confié à des mains plus habiles :

» La croyance à une vie future qu'on retrouve chez tous les peuples , même les plus sauvages, est le dogme le plus prononcé de nos insulaires noirs (*Annales de la Prapagation de la foi*, 1860 , p. 138) ; mais le séjour qu'ils assignent aux âmes des défunts et la nouvelle vie qu'ils leur font mener sont bien en rapport avec leurs idées grossières et leurs goûts tout matériels. En face de chaque tribu , disent leurs légendes , et bien avant dans la mer, il existe des pays sous-marins qui sont d'une grande beauté et d'une éblouissante richesse , tels enfin que les poètes païens nous représentent les champs Élysées ; c'est pour nos Calédoniens un vrai paradis, puisque, selon eux, c'est la réunion de tout ce qu'ils connaissent de beau et de bon, danses

(1) Breuvage au moyen duquel on cherche à discerner l'innocent Pu coupable.

continuelles, abondance d'excellentes bananes, vivres à discrétion. Ces peuples sont en même temps anthropophages; dans leurs fêtes, le sort désigne un certain nombre d'individus qui servent de victimes, qui sont assommés et dépécés, et les lambeaux partagés et emportés. Aujourd'hui, dit le missionnaire, cet usage a cessé, et s'il y a quelques vieillards qui gémissent de sa suppression, le grand nombre s'applaudit d'en être délivré. »

Les Papous, race nègre, qui habitent la Nouvelle-Guinée, dans l'Océanie, ont aussi une religion : les idoles que l'on trouve sur leurs tombeaux, les amulettes qu'ils portent au cou, aux oreilles, et leurs maisons sacrées annoncent évidemment des traces d'un culte quelconque. — Les habitants de Doréi rendent certainement une espèce de culte aux restes de leurs parents ; leurs tombeaux sont entretenus avec un grand soin et garnis d'offrandes qui sont renouvelées à certaines époques. (D'Urville, t. IV, p. 608.)

On lit dans le journal de l'expédition de la *Pléiade*, en 1841, qui remonta le Bismue, affluent du Niger, jusque dans l'intérieur de l'Afrique : « Qu'entre le Niger et la rivière du vieux Calabas, il existe une ville sainte du nom d'Aro; elle est, à ce que disent les naturels, le séjour de l'Être suprême (*Tehuku*), lequel a un temple où les prêtres entrent en communication directe avec lui; les rites de cette religion sont grossiers et bizarres. Lorsqu'un homme va consulter le Dieu, il est reçu par un prêtre, au bord d'un ruisseau, en dehors de la ville... Ils ont un autre Dieu qu'ils appellent le Dieu créateur, chez lequel les bons iront après leur mort faire bonne chère, à moins qu'ils ne préfèrent retourner dans telle contrée qu'il leur plaira sur la terre. Cette croyance est l'origine du touchant espoir que conser—

vent les nègres esclaves de revoir leur pays natal; à ces
deux divinités, l'une toute-puissante, l'autre bienfaisante,
ils en ajoutent une troisième : *Okmo*, l'esprit du feu ;
c'est elle que les méchants invoquent quand ils veulent
réussir dans quelque mauvaise entreprise. » (*Revue des
Deux-Mondes*, août 1857, Alfred Jacob.)

De ces divers témoignages, il résulte qu'il n'y a pas de
fait mieux établi, mieux certifié que celui de l'universalité
des idées de l'âme, de Dieu, de la vie future, de la distinction du bien et du mal. Se rencontrât-il une exception
sur quelque point du globe, les polygénistes ne pourraient s'en prévaloir ; car si on leur demande pourquoi ils
vont chercher au centre de l'Afrique et de l'Australie le
phénomène introuvable d'une humanité sans Dieu et sans
religion, c'est, nous disent-ils, par la raison que sur le
littoral de l'Afrique et de l'Australie les relations fréquentes
entre les étrangers et les indigènes ont communiqué à ceux-
ci les idées chrétiennes des blancs ou les idées boudhistes des
Malais (G. Pouchet, p. 102). Les polygénistes reconnaissent
donc que ces indigènes sans Dieu et sans religion accueillent,
acceptent, adoptent même sans répugnance, et plus d'une
fois avec empressement, les idées religieuses qu'on leur
apporte. Tout au moins donc, il y a en eux une prédisposition au sentiment religieux : sans cette prédisposition,
sans ce germe préalable qui n'attend qu'une occasion pour
éclore au lieu d'accueillir et d'accepter des croyances appar-
tenant à une autre race, ils les repousseraient ou plutôt ils
n'y comprendraient rien comme étant dépourvus de la faculté correspondante à cet ordre d'idées. Tout au contraire,
ils comprennent, et après avoir compris, ils entrent en
participation de ces idées venues d'une race étrangère ; ils

ont donc incontestablement la faculté correspondante aux idées religieuses ; et s'ils la possèdent, que faut-il de plus pour prouver qu'ils sont nés, comme les autres hommes, avec la faculté de s'élever aux idées de l'âme, de Dieu et de la vie future ? Si par des circonstances tout-à-fait particulières, ce qui n'est pas impossible, la faculté religieuse ne donnait quelquefois aucun signe de vie ; si elle ne portait pas ses fruits naturels, il n'en faudrait pas chercher ailleurs la cause que dans l'absence des conditions dont la première est de vivre en société et de recevoir une certaine culture intellectuelle ; mais du moment que la faculté est reconnue exister, elle prouve la fraternité de celui qui la possède avec tous les autres hommes chez qui elle existe à l'état de développement.

C'est au Boudhisme et au Christianisme que M. G. Pouchet attribue les quelques idées religieuses dont se montrent imbus les habitants du littoral de l'Australie et de l'Afrique. Mais d'où vient donc que parmi les indigènes demeurés en dehors de ce contact, et par conséquent réduits à leurs idées natives, on rencontre un ordre de croyances marquées d'un caractère spécial et universellement répandues dans le centre de l'Afrique et de l'Australie, et connu sous le nom de fétichisme ? Le fétichisme, comme chacun sait, est un espèce de polythéisme qui multiplie tellement les divinités secondaires qu'il prête une âme, un esprit, un génie bienfaisant ou malfaisant à tous les objets animés ou inanimés de la nature, même aux serpents, aux tigres, aux loups, aux rivières, aux arbres, aux montagnes, et jusqu'à certaines pierres ; de là est venu, par suite de cette croyance, l'usage chez ces peuplades fétichistes de se choisir un protecteur parmi les objets qui les entourent, et pour

3

se rendre favorable le génie que leur imagination y suppose résider, ils lui adressent des prières, ils le gardent avec eux, ils en font ce qu'ils appellent leur fétiche. Ils prennent même volontiers pour leurs fétiches des objets frappés de la foudre, dans la persuasion qu'il a été communiqué à ces objets quelque chose de divin par leur contact avec le feu que le Dieu suprême peut seul envoyer parmi les hommes (Prichard, t. II, p. 317). Évidemment, de telles idées ne leur ont été apportées ni par le Boudhisme, ni par le Christianisme ; et puisqu'on les retrouve chez toutes les peuplades africaines, ainsi que l'atteste Oldendorp, de tous les voyageurs missionnaires celui qui, au jugement du docteur Prichard, a fourni sur leur compte les renseignements les plus clairs et les plus complets, et ainsi que le confirme le révérend David Livingstone qui explore l'Afrique depuis quinze ans, n'est-ce pas la preuve sans réplique qu'au lieu de manquer d'idées religieuses, ces peuplades, avant tout enseignement extérieur, étaient en possession d'un système de croyances voisines du polythéisme grec ou romain ? Et il le faut bien ; car, sans ces idées préalables, où serait pour le missionnaire le moyen de faire accepter les idées nouvelles qu'il leur apporte ? A quoi rattacherait-il son enseignement, d'après la loi suprême de la transmission orale qui veut que le maître trouve dans l'esprit de son disciple, sous peine de n'être pas compris, quelques idées analogues à celles qu'il se propose de leur suggérer ? Eh bien ! c'est à ces idées préalables de l'âme et de Dieu que l'apôtre chrétien fait appel pour y rattacher la doctrine nouvelle qu'il vient leur enseigner ; c'est par ces idées rudimentaires, naturelles à tous les hommes, que s'explique l'accueil sympathique que rencontre presque

partout l'enseignement évangélique. Quand un missionnaire parle pour la première fois aux sauvages de Dieu et
de l'âme, il trouve en eux des intelligences déjà préparées,
qui attachent un sens à ces mots ; il est pour ainsi dire en
pays de connaissances ; c'est un théologien qui rencontre
d'autres théologiens, bien faibles, bien arriérés, mais
initiés déjà à l'ordre d'idées dont il va les entretenir.

Nous pourrions multiplier les témoignages des voyageurs et des missionnaires, d'autant plus facilement, qu'à
l'époque où nous vivons, et au moment où nous écrivons,
le centre de l'Afrique est exploré par une multitude d'Européens, les uns à la recherche des sources du Nil, les
autres désireux de connaître l'état moral et religieux des
dernières tribus de la grande famille humaine qui restent
encore à découvrir ; mais jusqu'à l'heure où nous traçons
ces lignes, tous les rapports sont unanimes à constater que
toutes les peuplades les plus récemment visitées sont en
possession de croyances religieuses ; et puisque ces croyances sont *unes*, puisque dans toutes on retrouve la foi à une
âme, à un Dieu, à une vie future, à la différence du bien
et du mal, leur identité n'est-elle pas une preuve irrécusable de l'identité des intelligences qui les professent, et
par suite de l'unité morale et intellectuelle de toutes les
races humaines ?

Sans doute, si l'on compare entre elles les idées de tous
les peuples sur l'âme et Dieu, on ne les trouve pas rigou-
reusement identiques ; mais peut-il en être autrement avec
des intelligences inégales en étendue, en pénétration, en
culture, en science acquise ? Il s'y trouve, il doit s'y
trouver un certain désaccord, sinon pour l'ensemble, du
moins pour les détails. Un écrivain de la fin du siècle der-

nier et du commencement de ce siècle, se prévalant de ce désaccord, a cru y trouver un argument décisif contre la valeur rationnelle des croyances religieuses : « Cela seul, dit-il, est vrai et certain, sur quoi tous les hommes s'accordent ; or, il n'y a pas deux peuples qui soient unanimes dans leurs idées sur l'âme, Dieu et la vie future. Il faut donc, pour la paix des esprits, renoncer à s'occuper de cet ordre d'idées et le reléguer dans le monde des chimères. » — Ce sophisme, présenté sous des formes séduisantes et délayé dans un petit volume de deux à trois cents pages, fait tout le fond du fameux livre des *Ruines*, de Volney ; il en constitue la charpente logique ; il en est l'âme et la substance. Le démasquer, en faire toucher au doigt la subtilité menteuse, c'est tout à la fois juger et renverser la doctrine à laquelle il sert d'appui. — Or, d'abord, rien n'est plus faux que de dire : cela seul est vrai, sur quoi tous les hommes s'accordent ; car, à ce compte, rien ne serait vrai, absolument rien, pas même qu'il existe un soleil ; car si vous comparez entre elles les idées que s'en forment et le vulgaire et les astronomes, vous serez loin de les trouver d'accord ; le vulgaire jugeant d'après ses yeux, et l'astronome d'après ses calculs, rien n'est plus opposé que leurs idées. — Mais, direz-vous, ils s'accordent au moins en ce point qu'il existe un soleil. Eh bien ! répondez de même à Volney : Tous les peuples s'accordent à reconnaître qu'il y a un Dieu, une âme, une vie future. Leur dissentiment ne porte aucunement sur la réalité de ces trois choses ; il porte seulement sur quelques-unes de leurs manières de les concevoir, qui ne peuvent être absolument égales avec des intelligences inégales et inégalement cultivées. C'est donc faire un sophisme que de de-

mander aux croyances religieuses ce qu'elles ne peuvent
avoir et qu'on ne peut rencontrer dans aucune croyance,
une égalité absolue. En faisant abstraction des points de
divergence, il reste ce que Volney aurait dû remarquer :
une partie commune qui est le fond même de la croyance,
et qui, d'après son propre principe, se trouve démontrée
vraie. Il y a, dans le livre de Volney, deux erreurs capitales et palpables : une fausse application de son principe
que nous venons d'indiquer, et la fausseté de ce principe
lui-même présenté sous cette forme absolue : rien n'est
vrai que ce sur quoi tout le monde est d'accord. Il fallait se borner à dire : le consentement unanime des peuples est une règle de vérité, et il fallait ajouter pour être
exact : Cette règle n'est ni la seule ni la première. Voilà
l'analyse fidèle d'un livre que les matérialistes regardent
comme leur évangile ; qu'on juge de la portée d'esprit des
disciples par la valeur de l'œuvre du maître.

L'unité religieuse que nous venons de constater entre
toutes les races humaines entraîne avec elle de nombreuses
conséquences, et tout d'abord celle-ci : qu'il doit se rencontrer chez toutes les intelligences unité dans les principes qui suggèrent à tous les hommes les idées communes
d'une âme, d'un Dieu, d'une vie future ; car, de quelque
part que viennent ces idées, du dehors ou du dedans, de
la tradition de la conscience, ou de ces deux sources réu-
nies (1), toujours est-il que les causes qui les produisent
doivent être les mêmes, puisqu'elles produisent les mêmes
effets dans tous les esprits ; et ces causes devant se trouver

(1) D'après nous, elles se produisent naturellement dans notre
esprit, sous l'action spontanée de nos facultés. — Voir notre
Cours de Philosophie.

tout à la fois , et dans les idées préliminaires qui amènent et engendrent ces croyances , et dans les jugements et les raisonnements qui y conduisent , et dans les facultés qui exécutent ces opérations , et dans les principes régulateurs qui dirigent ces facultés , ne voit-on pas qu'après avoir reconnu l'unité des croyances religieuses , il faut aussi reconnaître l'unité de tous les antécédents qui concourent à les produire? Et le vrai nom de tous ces antécédents n'est-il pas l'unité de *raison* , l'unité de *bon sens* , l'unité de logique , l'unité de l'entendement humain ?

Supposez que deux intelligences , au point de départ des opérations mentales qui doivent les conduire à des croyances communes au lieu de marcher ensemble , s'écartent tant soit peu l'une de l'autre ; cet écart , si petit qu'il soit , ne les empéchera-t-il pas de se rejoindre? Si loin qu'elles s'avancent , ne sont-elles pas condamnées à se séparer de plus en plus sans pouvoir se rencontrer? Leur histoire ne sera-t-elle pas en tout point celle de deux lignes qui , tant qu'on les prolonge , vont toujours divergeant de plus en plus , parce qu'il y a eu divergence au point de départ? — Donc , puisque toutes les intelligences humaines se rencontrent dans les mêmes croyances , ce *Credo religieux*, qu'elles répètent en chœur , implique et démontre l'unité des principes , l'unité des opérations , l'unité des facultés dont l'action collective prépare et amène l'accord qui se trouve dans leurs croyances religieuses. Ainsi se trouve démontrée l'unité de l'esprit humain.

En y regardant de bien près , ne pourrait-on pas reconnaître encore , sous l'infinie diversité des idées humaines , quelques nouvelles traces d'unité? Par exemple , tous les hommes ne sont-ils pas plus ou moins familiers avec l'art de mesurer, de compter, de peser, de construire ? Et si différentes que soient les applications qu'ils font des règles du calcul, de l'arpentage, de la construction, peut-on dire pour cela qu'il y autant de géométries, autant d'arithmétiques qu'il y a de races humaines ? Ou bien n'y a-t-il pour toutes les races, si différentes qu'elles soient d'ailleurs, qu'une seule et même géométrie, qu'une seule et même arithmétique ? Avoir fait la question, n'est-ce pas avoir fait la réponse ? N'implique-t-il pas contradiction qu'il y ait deux géométries ou deux arithmétiques différentes; évidemment, l'une des deux serait fausse, et celle qui serait vraie en conserverait seule le nom. Donc, puisque tous les hommes, à quelque race qu'ils appartenaient, géométrisent, mesurent, calculent, construisent d'après les mêmes règles, les mêmes principes, ne faut-il pas voir dans ce fait une nouvelle preuve de l'identité des lois et des principes qui gouvernent leur entendement ? — Et ce que nous disons de la géométrie et de l'arithmétique, ne pourrait-on pas l'appliquer aux autres sciences humaines prises à leurs degrés les plus humbles comme à leurs degrés les plus élevés ? Toute science n'est-elle pas *une* d'une unité analogue aux vérités qu'elle enseigne; les lois et les faits, les principes et les conséquences dont elle s'occupe ne sont-ils pas indépendants de l'esprit qui les conçoit, ne sont-ils pas les mêmes pour l'Africain et l'Européen ? Oserait-on dire qu'ils s'accommodent et se modifient au gré de chaque intelligence ? Tout esprit n'est-il pas tenu, au contraire, de calquer, de modeler ses idées sur leurs immuables exemplaires, de se faire à leur image, de les reproduire fidèlement tels qu'ils sont, sous peine d'erreur ? Sommes-nous autre chose que les interprètes de la nature ? De ces trois éléments de la connaissance : la vision, l'être voyant et l'objet vu, lequel fait la loi aux deux autres. N'est-ce pas d'après l'objet vu que l'être voyant doit régler sa vision ? Et puisque l'objet vu est *un*, n'est-il pas naturel que cette unité se transmette aux idées du voyant? De là l'accord des intelligences initiées aux vérités d'une même science. Si donc le nègre et l'Australien, quand leur intelligence reçoit une culture convenable, réussissent aussi bien que les autres hommes à pénétrer les secrets d'une science, ne prouvent-ils pas par là l'identité de leur entendement avec celui des autres races? Or, les faits sont là pour nous apprendre que, quand ils le veulent et quand les moyens de succès leur en sont donnés, ils marchent d'un pas égal à celui des nations les plus civilisées; les exemples abondent pour le prouver. — « Il y a quelques années, un mulâtre et un nègre obtenaient des grands prix au concours général de Paris ; et ce fait n'est pas isolé ; le journal, le *Propagateur de la Foi*, annonçait dernièrement qu'une vingtaine de missionnaires noirs se préparaient à porter l'enseignement religieux dans les pays sauvages. » — D'Urville, *Voyage de l'Astrolabe*, t. IV, p. 116.) Soixante années se sont à peine écoulées depuis que le nom de Taïti fût pour la première fois connu en Europe ; il n'y a pas plus de quinze ans que ses habitants ont renoncé à leurs anciennes superstitions, et déjà cette île envoie des missionnaires pour convertir les habitants des archipels qui sont éloignés de plusieurs centaines de lieues. De simples sauvages vont prêcher l'évangile à d'autres sauvages. Au moment où nous arrivâmes à Tonga-Tabou, il y avait trois Taïtiens occupés de ce soin. On nous montra la chapelle desservie par eux et l'enceinte où ils prêchaient. » — *La Revue des*

Deux-Mondes nous donnait, il y a quelques années, des détails pleins d'intérêt sur la littérature de Saint-Domingue.

L'Académie des sciences compte parmi ses correspondants un nègre, Lillet-Geoffroy (1), très-versé dans les sciences mathématiques. Livingstone rapporte que les nègres apprennent l'alphabet en quelques jours. Il a été frappé des connaissances des Amhokystas, qui savent presque tous lire et écrire avec une facilité remarquable. Ils apprennent avec passion tout ce qu'ils peuvent étudier, l'histoire, la jurisprudence, etc., et doivent à leur aptitude pour le commerce le nom de *juifs d'Angola*. (B. de Boismont, *De l'Unité des races humaines*, p. 26.)

A Port-Jakson, dans les écoles fondées par le gouverneur Macquarie, les enfants australiens qu'on y a recueillis ont appris à lire, à dessiner, à écrire, à calculer aussi bien que les enfants blancs du même âge. (Jacquinot, *Zoologie*, t. II, p. 375.) — « Le jeune Australien, dit un écrivain de la *Revue des Deux-Mondes*, s'adoucit facilement, il devient même affectueux ; il ne manque pas d'intelligence ; mais plus d'une fois, des bancs de son école, il mesure les vastes espaces où sa famille erre en liberté : l'ordre et la régularité de la vie sédentaire lui pèsent. »

Dumont d'Urville, qui eut avec les Australiens des rapports fréquents (*Voyage de l'Astrolabe*, p. 149) au port du roi Georges, à la baie Gervis, à Port-Western, visita leurs huttes, qu'il trouva fort propres et spacieuses, et dont la construction annonçait de leur part un degré d'intelligence supérieur à ce qu'on en dit généralement. Nous vîmes (d'Urville, t. I, p. 96) des esquisses de cutters et de chaloupes

(1) Il était simplement mulâtre, mais avait tous les caractères de la race nègre.

de leur façon assez bien tracées sur les rochers de grès, à la côte. M. Lottin, qui avait oublié entre leurs mains une règle de bois de noyer, la retrouva le lendemain enrichie de semblables dessins. Ils ne cessèrent de montrer, dans leurs relations avec nous, une probité, une douceur et même une circonspection très-remarquable pour des Australiens. Pas un d'eux n'a tenté le moindre larcin, et c'est avec plaisir que nous rendons une justice complète à leur excellente conduite.

« Dans une nuit passée sur la plage au milieu d'eux, dit, p. 189, M. Sainson, l'un des membres de l'expédition, nous comprîmes que nos Australiens voulaient changer leurs noms contre les nôtres. Cette coutume, que les voyageurs ont trouvée répandue dans les archipels du grand Océan, annonce un état de société déjà perfectionné, et nous ne pouvions nous attendre à la trouver établie dans une horde errante de ce pays sauvage. Quoi qu'il en soit, le changement eut lieu à leur grande satisfaction, et plusieurs d'entre eux chantèrent à cette occasion des chansons où nous pûmes reconnaître nos noms ; un jeune homme de la troupe paraissait jouir, parmi ses compagnons, de quelque célébrité poétique, car lorsqu'il commençait à chanter, le silence s'établissait, et de temps en temps un murmure flatteur semblait l'applaudir. M. Guilbert et moi nous leur chantâmes un air fort gai à deux voix, et nous eûmes lieu de nous enorgueillir de notre succès; car non-seulement ils observèrent le plus grand silence, mais à la fin de la chanson ils daignèrent nous applaudir par leurs cris et leurs battements de mains. »

« Les noirs de l'Océanie, dit M. Jacquinot (*Expédition de d'Urville*, t. II, p. 362), ne le cèdent en rien aux Poly-

nésiens, qui sont de race blanche ; et même ils les surpassent quelquefois. Les insulaires de Viti, qui sont de vrais
noirs, sont certainement supérieurs aux habitants de
Tonga, les plus avancés en civilisation parmi les Polynésiens. Leurs cases, leurs villages entourés de murailles de
pierres, leurs armes de toutes les formes, leurs énormes
lances sculptées et découpées avec une patience et un art
infini, leurs légères et solides pirogues, qui sillonnent en
tous sens l'Archipel et qui manœuvrent parfaitement à la
voile, toutes ces choses surpassent de beaucoup l'industrie
de la race blanche polynésienne. Il existe dans chaque village une case dédiée aux *esprits*, auxquels on consacre des
armes, des étoffes, etc... Nous avons visité les habitants de
la plupart de ces îles. »

« Quand on s'est occupé sérieusement de l'éducation des
Australiens, dit M. de Quatrefages (*Revue des Deux—Mondes*, fév. 1855, p. 657), ils ont prouvé qu'ils étaient susceptibles d'être civilisés ; c'est ce qui résulte des renseignements fournis par Danson et Cuningham. Les deux indigènes,
Daniel et Benilong, qui ont été conduits en Angleterre et
introduits dans la société élégante, sont devenus de vrais
gentlemen, de l'aveu même des écrivains que nous combattons. Si, revenus en Australie, ils ont fini par retourner à
la vie sauvage, qui pourrait s'en étonner en songeant à la
position que la couleur fait à un nègre quelconque dans les
colonies, surtout dans les colonies anglaises, et à l'attrait
irrésistible que le désert et son indépendance exercent
même sur les blancs qui en ont une fois goûté, et aussi à
ces instincts héréditaires qui caractérisent certaines races ? »

Que n'a-t-on pas dit de la prétendue infériorité du
nègre ? L'Américain Gliddon défie qu'on lui montre une

seule ligne digne de mémoire écrite par un nègre ; et
d'après M. G. Pouchet, les idées religieuses qu'ils possèdent leur sont venues des blancs ; avec la part d'intelligence que leur a donnée la nature, ils n'étaient pas capables
d'y arriver d'eux-mêmes. Latham va jusqu'à dire que leur
intelligence est trop inerte, même pour enfanter une superstition (G. Pouchet, p. 101) (1) ; et les preuves de ces affir-
mations, où sont-elles ? — Dans ce fait, dit-on, que depuis
plus de trois siècles que les noirs vivent avec les blancs,
ils n'ont pas avancé d'un pas. — Et comment voulez-vous
qu'ils avancent ? Vous les retenez par la chaîne impie de
l'esclavage. C'est vous qui faites leur infériorité, et vous la
leur imputez comme un vice originel inhérent à leur intelligence ! Laissez-les vivre de la vie dont vous vivez ; ouvrez-
leur les portes de vos écoles. Avant de les condamner, met-
tez-les à l'œuvre ; attendez, pour les juger, que leur incapacité soit démontrée par une expérience décisive. Mais
non, vous ne voulez pas de cette expérience tant de fois
demandée ; vous en craignez les résultats. — Prétendus
citoyens du Nouveau-Monde qui ne voulez de la liberté que
pour vous, un grand peuple vous a prévenus : l'expérience
a été faite. Depuis douze ans que les nègres de l'île de la
Réunion ont été affranchis, depuis douze ans qu'ils ont été
admis au grand air de la liberté, qu'ils ont des maîtres pour
les instruire, ces prétendus réfractaires à toute espèce d'édu-

(1) Et M. de Gobineau, dans son livre *des Races* (t. I, p. 347,
et 384), n'a pas craint de dire que la laideur hideuse du nègre,
que son inintelligence brutale et le titre de fils de singe qu'il
revendique, le repoussaient au rang des animaux ; que tout ce
qu'on pouvait en faire, c'était de plier ses membres à devenir des
machines animées appliquées au labeur social.

cation cultivent avec ardeur et apprennent avec facilité les
sciences et les arts, la musique, le dessin, la géométrie, la
mécanique et les langues. — « Ces prétendus indifférents
viennent de très-loin pour profiter des leçons de l'école,
et l'on a vu d'anciens esclaves septuagénaires venir aux
écoles du soir avec une curiosité juvénile et une ardeur
virile s'exercer à la lecture et à l'écriture. Le jargon nègre
a fait place à un français moins incorrect. Avec le niveau
moral s'élève aussi le niveau intellectuel. Des jeunes gens
de couleur entrent dans le lycée de l'Université, et au sortir des classes, ils trouvent aisément a se placer dans les
bureaux, les magasins, dans tous les états qui demandent
activité du corps et de l'esprit ; ils font aux créoles une sé-
rieuse concurrence. C'est au point qu'une certaine presse
locale reproche aux Frères d'exciter outre mesure la pensée
dans le cerveau des jeunes noirs, et d'en faire d'inutiles et
dangereux *savants*. Une corporation de femmes et de filles
négresses a fondé, sous la conduite d'une dame créole, un
établissement où les travaux de l'esprit et du corps marchent ensemble. Cet exemple fait voir combien la race
nègre est susceptible de régénération. — La famille, dont
les nègres esclaves faisaient peu de cas alors que le mariage
ne leur assurait les priviléges ni de l'époux ni du père, se
constitue rapidement dans les populations affranchies. Le
dernier recensement, celui de 1856, constate, dans la
classe des affranchis, 668 mariages, 128 reconnaissances,
et 330 légitimations. A la suite de la famille vient la propriété, petite d'abord, mais destinée à grandir avec la sécu-
rité, le travail et la famille. Le noir travaille d'abord pour
avoir un petit lopin de terre, et il le paie à tout prix quand
le gouvernement ne lui donne pas. Des Sociétés de secours

mutuels commencent à se former ; les jeunes filles de couleur ont été longtemps exclues des pensionnats, quelles que fussent la fortune et la position de leurs parents, pendant que leurs frères étaient admis dans le lycée ; depuis quelques années, la répugnance des mères créoles a cédé à des considérations de paix publique, et l'on peut entrevoir le moment où se continueront dans la société les amitiés et les relations nouées dès l'enfance. » (Duval, *Revue des Deux-Mondes*, mars et avril 1860.)

Dans un autre article du mois de septembre, même année 1860, en parlant de changements analogues survenus à la Guadeloupe et à la Martinique depuis l'émancipation de 1849, le même auteur (Jules Duval) nous dit : « Les nègres de ces deux îles, nés pour la plupart sur le sol des deux colonies, sont généralement forts et agiles, plus doux que méchants, plus simples que rusés, plus enclins aux plaisirs, à l'insouciance qu'au travail et à l'activité ; ils sont faciles à manier par la bonté et l'autorité morale, après comme avant l'émancipation ; seulement, ils aiment les droits qu'elle leur a reconnus de pratiquer les petites industries et les petits commerces, d'acquérir et de cultiver de petites propriétés, de s'agglomérer en villages isolés qui préfèrent l'œil paternel de la religion au regard sévère de l'administration. Les anathèmes des habitants contre cette sorte d'émigration à l'intérieur se trouve singulièrement palliés par les documents officiels, qui constatent, dans la population affranchie, un nombre de mariages, de légitimations, de reconnaissances (1), qui, au temps de

(1) En 1856, dernière année dont le nombrement ait été publié, on avait constaté à la Martinique, parmi les nouveaux affranchis, 637 mariages, 749 légitimations et 407 reconnaissances d'enfants naturels: à la Guadeloupe, 832 mariages, 767 légitimations, 692 reconnaissances.

l'esclavage, eût paru une fabuleuse utopie; car tous les avocats de ce régime lui avaient trouvé, entre mille raisons de même ordre, cet étrange prétexte : l'horreur du noir pour le mariage. La famille mène à sa suite tous les autres progrès économiques et moraux ; on peut l'affirmer sans enquête. Avec les enfants à nourrir et à élever, s'installent sous la case couverte de feuilles, comme sous l'habitation couverte en bois, l'amour paternel, le travail, l'épargne, l'ordre, pour peu que la race privilégiée prêche de parole et d'exemple. Que les propriétaires déplorent la désorganisation de leurs ateliers et le chômage de leurs usines, ils en ont le droit, aussi bien que les propriétaires de France, qui déplorent l'émigration des campagnards vers les villes. »

« Le développement intellectuel et moral des nègres, dit M. Élisée Reclus, parlant de ce qu'il a vu aux États-Unis de ses propres yeux, est tout à fait sensible. On s'aperçoit à leurs regards remplis d'une haine calme et réfléchie, que bon nombre d'entre eux sont déjà nés à la dignité d'hommes libres. Ils écoutent leurs maîtres sans mot dire ; ils travaillent avec conscience, mais c'est avec fierté qu'ils s'inclinent. Dès qu'ils trouvent une occasion favorable, ils s'enfuient dans les grands bois. Afin de s'appartenir seulement pendant quelques jours, ils bravent la faim, la soif, la fatigue, la solitude, la mort, la prison et les coups de fouet pires que la mort. Sentant par instinct que l'intelligence les délivrera aussi bien et mieux que la force, ils recherchent l'instruction avec ardeur ; et ceux d'entre eux qui, en violation de la loi, ont eu le bonheur d'apprendre à lire, donnent des leçons aux autres, en se servant des feuilles éparses qu'ils trouvent sur le sol. On cite même des nègres qui ont appris la lecture tout seuls en étudiant les noms des bateaux à vapeur qu'ils voyaient passer et repasser sur le Mississipi. »

Ces faits, en nous montrant la race nègre accessible à la civilisation, ne prouvent-ils pas sans réplique que son infériorité, au lieu de provenir d'une incapacité native qui serait irrémédiable, n'a d'autre cause qu'un défaut de culture, qu'un manque total d'éducation? Dès que la culture et l'éducation arrivent, l'ignorance et les vices qu'on lui reproche s'en vont peu à peu pour faire place à la moralité et à l'instruction. Ces anciens barbares connus sous les noms de Celtes, de Gaulois, de Germains, tant méprisés des Grecs et des Romains, ne sont-ils pas devenus les Européens de nos jours, c'est-à-dire les plus civilisés de tous les hommes? Mais il leur a fallu dix-huit cents ans pour opérer cette transformation; il leur a fallu la liberté, le Christianisme et le contact de l'ancienne civilisation grecque et romaine. Et l'on voudrait que la portion de la race nègre qui vient d'être soustraite à la servitude qui a tant pesé sur elle, se transformât en un clin-d'œil! Donnez-lui le temps qu'il vous a fallu à vous-mêmes, et appréciez un peu mieux les progrès réels, tout faibles qu'ils sont, qu'elle a réalisés à l'île de La Réunion, à Saint-Domingue et à *Liberia*, dans ce petit état démocratique fondé en 1822 par des nègres affranchis, sur la côte d'Afrique qui fut si longtemps le théâtre et le témoin de l'indigne trafic dont ils étaient les déplorables victimes. Cette petite république présente depuis quarante ans le spectacle d'un peuple naissant à peine à la liberté, et se gouvernant lui-même sans anarchie, sous la seule autorité des lois faites et consenties par tous ; et sa prospérité depuis sa fondation va toujours croissant.

On répond que les nègres du centre de l'Afrique ont beau être libres, qu'ils ne valent pas mieux que les nègres esclaves; que depuis vingt siècles, ils sont demeurés stationnaires. Les nègres du centre de l'Afrique étaient autrefois fétichistes; ils sont devenus en général, mahométans; ce n'est pas un grand progrès, mais c'en est un. La religion de Mahomet, toute défectueuse qu'elle est, est bien supérieure au fétichisme, qui n'est qu'un mauvais polythéisme, pendant que le Koran professe le monothéisme pur. A ce premier progrès, il s'en est joint beaucoup d'autres. Les noirs Fellathas ont fondé un grand empire (Alfred Jacobs, *Revue des Deux-Mondes*, août 1857, p. 648); ils ont soumis à leur autorité presque tout le Soudan occidental. Or, on ne fonde pas un grand empire, on n'est pas conquérant, on ne gagne pas des batailles sans une certaine culture intellectuelle et morale. Le voyageur danois Anderson, qui continue en Afrique les recherches de M. Livingstone, a découvert, dans l'intervalle de 1850 à 1856, des populations austro-africaines: ce sont les riverains du Chobé et du Haut-Zambese, tout-à-fait affables pour les Européens, beaucoup plus intelligentes qu'on ne l'eût pensé, naturellement bienveillantes et hospitalières toutes les fois qu'on n'a pas excité leur haine et leur défiance par de mauvais traitements. Ce qui manque aux noirs du centre de l'Afrique, pour avancer, comme à toutes les peuplades sauvages qui ont conservé leur liberté, c'est un contact habituel avec des hommes vraiment civilisés prenant la peine de leur servir tout à la fois d'instituteurs et de modèles vivants des vertus et des habitudes laborieuses qu'ils n'ont pas; ce qu'il leur faut, ce sont des hommes comme ceux qui ont converti les noirs de l'île des Pins et

4

de la Nouvelle-Calédonie, qui leur mettent sous les yeux les
avantages pratiques de la vie civilisée. « Là, les sauvages,
» guidés par les missionnares qui sont à la fois apôtres et
» ouvriers, se sont mis à bâtir des maisons couvertes d'ar-
» doises, qui abondent dans le pays, blanchies à la chaux,
» entourées de jardins et de cultures. C'est un spectacle
» curieux et fort nouveau que celui de ces noirs naguère
» sauvages, piochant la terre, travaillant leurs plantations,
» vaquant aux soins de leurs ménages, traitant leurs fem-
» mes presque en égales, se groupant en familles indus-
» trieuses et régulières, et n'ayant plus besoin, faute
» d'aliments, d'assouvir leur faim avec de la chair humaine
» (naguère ils étaient anthropophages); on les voit, recou-
» verts d'une sorte de pagne ou de chemise, une médaille
» ou un chapelet au cou, échanger entre eux, avec les
» mots de père ou de frère, de cordiales poignées de main.
» Une église assez spacieuse en briques et en terre blanchie
» à la chaux occupe le centre du village. Au son de la clo-
» che, ils quittent les travaux et viennent écouter dans un
» grand recueillement les leçons de leurs *chefs sacrés; c'est
» ainsi qu'ils appellent les religieux français. A l'île des
» Pins, le succès a été complet. Un millier d'indigènes y
» obéissent à un seul chef. Les cases sont groupées autour
» de l'établissement religieux; par toute l'île, aux pieds des
» pitons couronnés de verdure, s'étendent des plantations
» de cocotiers, de cannes à sucre, de bananes; la vigne,
» le figuier, diverses céréales européennes y prospèrent,
» et plusieurs indigènes ont appris à élever des abeilles.—
» La même amélioration s'est produite à Pouebo; dans
» cette tribu, les bâtiments, qui consistent en deux gran-
» des maisons et une église fort vastes et quelques cases,

» sont entourés d'ateliers de menuiserie, de charpentes et
» d'une forge où les missionnaires ont le bon esprit d'appe-
» ler eux-mêmes les jeunes indigènes qui ne sont pas
» encore convertis, afin de les disposer par le travail à
» l'adoption d'une vie nouvelle, le grand défaut de toutes
» les peuplades sauvages étant la répugnance au travail. A
» Pouebo, les cultures de ris et de maïs ont particulière-
» ment réussi ; on n'en est encore qu'aux premiers essais
» pour le froment et l'orge. » (Alfred Jacobs, *Revue des
Deux-Mondes*, sept 1859.)

A la page 21, nous avons dit que la conversion des
Esquimaux au christianisme contenait une réponse à l'une
des plus graves assertions des antiunitaires ; cette assertion
la voici : « L'inégalité morale des races est désormais un
» fait acquis, ainsi que l'a prouvé M. Renan ; sous le rap-
» port moral plus encore que sous le rapport physique, les
» hommes diffèrent les uns des autres dans des limites in-
» franchissables, qui font de chaque race autant d'*entités*
» distinctes : différences profondes et immuables, qui suffi-
» raient peut-être à elles seules pour fonder des classifica-
» tions biens définies et parfaitement limitées. Quand on
» considère l'humanité à ce point de vue, un curieux
» spectacle frappe les yeux : les mêmes montagnes, les
» mêmes fleuves qui séparent les races d'hommes, sépa-
» rent aussi les diverses religions. Armés du sabre ou des
» armes plus pacifiques de la persuasion, les disciples de
» toutes les croyances se sont toujours arrêtés devant cer-
» taines limites qu'il ne leur a pas été donné de franchir.
» Le Sémite, lui, comprend Dieu grand, très-grand, et
» c'est tout ; nous, nous ne sommes pas capables de
» saisir ainsi l'idée de Dieu ; le monothéisme pur, né

» en Orient, n'a conquis l'Occident et les races iranien-
» nes (indo-persanes) qu'en se transformant au gré de
» celles-ci. La race qui florissait à Athènes et à Rome n'a
» accepté le christianisme qu'en le dépouillant de son carac-
» tère originel. » (P. 110.) — Ce qui, en d'autres termes,
veut dire que les races, les peuples et les nations sont
en quelque sorte parqués chacun dans leur religion comme
dans un cercle dont il ne leur est pas donné de sortir. D'où
il suit que les races prétendues sans religion, comme les
Australiens, les nègres et les Esquimaux, si réellement
elles étaient ce qu'on les dit être, ne pourraient jamais
s'affranchir de leur mécréance ; elles seraient condamnées
à demeurer orphelines de l'idée de Dieu ; et cela, au nom
même du système qui soutient résolument que les bar-
rières qui séparent les races sont infranchissables ; et il est
forcé de le soutenir, car si on pouvoit les franchir, toute
séparation s'évanouirait ; les mécréants deviendraient
croyants, tous se donneraient la main, et il n'y aurait plus
qu'une seule et même famille humaine. — Ainsi, pour
qu'il ait plusieurs races, il faut qu'elles soient séparées par
des différences indélébiles, et il faut que ces différences
soient permanentes. Et cependant, l'auteur du livre de la
Pluralité des races est le premier à nous apprendre que les
Australiens, les Esquimaux et les nègres qu'il a déclarés
francs, par nature et par incapacité d'intelligence, de toute
croyance religieuse, acceptent les idées chrétiennes quand
elles leur sont apportées, ou d'autres idées religieuses,
comme celles de Mahomet et de Boudha ; ce qui prouve que
leur athéisme n'est pas irrémédiable, qu'ils peuvent devenir
religieux. Que devient alors la limite de séparation ? Et s'il
n'y a plus de barrière, encore une fois où sont les races

éternellement séparées ? — Que cherchons-nous depuis le
commencement de notre examen du système des polygénistes ? — Nous cherchons ce qu'ils annoncent comme la
base fondamentale de leur doctrine, des différences radicales et indestructibles ; quelque chose que chaque race
possède et qui manque totalement aux autres ; et ce quelque chose, chaque fois qu'on nous le presente comme une
réalité, s'évanouit dès qu'on y regarde de près. En place
de la diversité, nous trouvous la similitude, la ressemblance, l'analogie, l'unité, l'identité. — Y pense-t-il,
M. G. Pouchet, de venir nous dire que le monothéisme
pur est encore, comme il l'a été de tout temps, la religion
propre de la race sémitique ; et qu'un écrivain contemporain (M. Renan) vient de dépeindre des traits les plus heu-
reux cette humanité sémitique moralement si différente de
la nôtre ? — Qu'entend-on par race sémitique ? On entend
les Hébreux d'abord, comme les plus anciens ; ensuite les
Syriens, puis les Arabes, les Tyriens, les Phéniciens, les
Carthaginois, les Sidoniens, les Palmyréniens, et même
les Éthiopiens, dont la consanguinité est attesté par la
communauté des racines ou radicaux des langues parlées
par ces divers peuples. (*Revue des Deux-Mondes*, juillet
1857.) — Pour qu'il fût vrai de dire que le monothéisme
pur a toujours été, comme il l'est encore, la religion propre de la race sémitique, il faudrait nous montrer la foi
en un seul Dieu permanente chez les idolâtres Tyriens,
Phéniciens, Sidoniens, Carthaginois, eux qui comptaient
leurs divinités par centaines ; il faudrait nous montrer invariable la même foi en un seul Dieu chez les Hébreux se
construisant le veau d'or dans le désert. — Ces messieurs
auraient-ils par hasard oublié l'histoire ; ou, tout en nous

parlant sans cesse de l'autorité souveraine des faits, vou-
draient-ils, quand il s'agit de leur système, n'en tenir
aucun compte? Venir nous dire en 1861 que chaque race,
chaque peuple demeure invariablement attaché à sa croyance
religieuse : les Mongols au boudhisme, les Sémites au monothéisme, les Européens au polythéisme (c'est ainsi qu'ils
désignent le christianisme), alors que nous voyons tous les
peuples s'acheminer plus ou moins vite vers la foi chrétienne, n'est-ce pas négliger pour soi le précepte qu'on
donne aux autres, d'écarter l'*idée préconçue*, l'idée systé-
matique qui nous ferme les yeux sur des faits plus éclatants
que la lumière du jour? Car y a-t-il une vérité historique
plus certaine que celle-ci, savoir : que toutes les différences de races qui séparaient les peuples anciens se sont éva-
nouies sous l'empreinte commune que leur imprima la
main de fer du gouvernement romain? Et tout le monde
ancien, après avoir été romanisé, que devint-il sous l'influence du christianisme naissant? Ne prit-il pas une physionomie nouvelle? A l'unité de la vie politique n'ajouta-t-
il pas l'unité plus grande et plus forte de la vie religieuse?
A quelle époque les diversités des races humaines se sont-
elles manifestées plus fortement qu'au moment de l'invasion
des barbares? A cette époque vit-on une plus grande biga-
rure de physionomies, de mœurs, de lois, de coutumes,
de croyances, qu'au moment où les Goths, les Alains, les
Suèves, les Huns, les Francs, les Bourguignons, les Angles, les Saxons, les Romains, les Gaulois se rencontrè-
rent coude à coude, non pas seulement en Occident, mais
jusque dans notre France? Joignez-y les Normands, qui
vinrent plus tard accroître cette nouvelle confusion des
langues, et dites-nous maintenant ce qui reste dans notre

pays, au XIXᵉ siècle de toutes ces diversités? Y a-t-il au
monde une nation plus homogène, plus compacte, plus
uniforme, plus une que la nôtre? Et d'où nous vient cette
unité, si ce n'est de l'influence lente, mais continue du
christianisme, qui, après avoir vaincu le paganisme, après
avoir peu à peu pris possession des esprits et des cœurs,
s'est insinué partout dans les lois, dans les mœurs, dans
la littérature, et jusque sous la tente du soldat? et qui, en
surmontant tous les obstacles, a prouvé qu'au lieu d'être
modifié par les races, c'est lui qui les modifie, les transforme, qui les façonne sur son invariable modèle en recti-
fiant tout, et les idées, et les croyances, et les mœurs, et
les caractères?

Et l'action que le christianisme a exercée sur la France
il l'a exercée sur toute l'Europe, dont il a fait une vraie
famille par le même esprit qu'il lui a soufflé et qu'il fait
circuler encore dans toutes les parties de ce grand corps.
Que dis-je, l'Europe! Où est le continent, grand ou petit,
où la lumière du christianisme n'a pas pénétré? Y a-t-il
aujourd'hui un coin du globe que les apôtres de l'Évangile
n'aient déjà visité, ou vers lequel ils ne s'acheminent à
l'heure même où nous parlons? En passant du Maître
divin dans les disciples, l'amour des hommes ne s'est pas
éteint; il brûle encore, et c'est son ardeur surnaturelle qui
entraîne tant de missionnaires sur les plages les plus loin-
taines, pour serrer la main, en les saluant du nom de
frères, à ces pauvres Esquimaux, nègres ou Australiens,
que l'école polygéniste déshérite de toute croyance religieuse, sans doute pour les mieux prosterner aux pieds
des races qu'elle appelle supérieures. — Qu'on ne s'y
trompe pas : depuis son berceau, le christianisme n'a pas

cessé de multiplier ses conquêtes ; il ne fait pas grand bruit ; il laisse dire à qui cela convient qu'il se meurt ; mais son action est continue et ses progrès chaque jour plus grands. Il a conquis l'Europe, qui est aujourd'hui la reine du monde : il a fait le plus difficile. Par l'Europe, il continue son œuvre de conquête sur tous les autres continents, qui lui appartiennent déjà en grande partie ; et c'est aujourd'hui, quand il touche au moment d'avoir conquis le monde entier, qu'on ose lui dire qu'au lieu de modifier les races, il se laisse surmonter et modifier par elles : lui qui, seul et sans armes, plus puissant que tous les conquérants du Nouveau-Monde, par sa seule parole, avait fait des sauvages de l'Amérique méridionale les hommes les plus doux, les plus humains, les plus civilisés moralement et religieusement qu'on ait jamais vus ! Si l'œuvre ne s'est pas continuée, si les missions du Paraguay ont été détruites, à qui la faute ? Ceux qui en ont pris la place ont-ils mieux fait ? Ils n'ont pas même essayé. Tout leur talent, c'est la critique et la destruction. — Suivez, par la pensée, cette longue et incessante action du christianisme sur toutes les races humaines, africaines, européennes, asiatiques, américaines, polynésiennes ; voyez, partout où il a planté son drapeau, ce qu'il a fait de ces nouveaux barbares qu'on appelle les *sauvages*. Quel autre que lui parvient à gagner leur cœur, à mitiger leur rudesse, à adoucir leur caractère ? Quel autre que lui obtient amour, déférence et soumission, sans employer ni violence ni contrainte ? Et puisqu'il pénètre partout, que partout il se fait des disciples, et que ses disciples professent une même foi, une même doctrine ; l'unité d'idées, de croyances, de législation, de discipline, qu'il leur impose et qu'il obtient d'eux

avec ou sans efforts, ne prouve-t-elle pas l'*unité* des intelligences qui acceptent et suivent ses enseignements? Je ne
connais pas, je l'avoue, de plus grande et de meilleure
preuve de l'unité des races humaines, que leur adhésion
universelle à la foi chrétienne ; car toutes y ont adhéré, ou
partiellement ou collectivement, ou par un ou plusieurs de
leurs membres. Or, il n'y a que des intelligences homogènes, gouvernées et régies par les mêmes lois et s'appuyant
sur les mêmes principes, qui puissent faire acte d'acquiescement, acte d'adhésion à une seule et même doctrine :
l'unité de doctrine implique l'unité de l'acte d'adhésion, et
l'unité d'adhésion implique l'unité des facultés qui adhè-
rent. Pour croire aux mêmes vérités, il faut les voir et les
comprendre ; et pour les voir et les comprendre, il faut des
facultés analogues, des facultés semblables. Ainsi, le christianisme, qui enseigne l'unité des races humaines, démontre cette unité en adressant son enseignement à tous les
hommes, de quelque couleur qu'ils soient, et en obtenant
de tous bon accueil, acceptation, acquiescement, adhésion
et croyance.

Un écrivain moderne, tout en professant la doctrine de
la pluralité des races et de la pluralité d'origines (M. Esquiros, *Revue des Deux-Mondes*, avril 1847), signale comme
un fait général la tendance de toutes les races à s'affranchir
de leurs vieilles préventions, à déposer leurs anciennes
antipathies, à se rapprocher, à se mêler, à se confondre, à
s'absorber les unes dans les autres, et surtout dans la race
blanche, dont elles semblent reconnaître la supériorité et
dont elles ambitionnent l'alliance. — La tendance signalée
est réelle ; plusieurs causes concourent à la produire. De
ces causes, la plus active et la plus générale, c'est l'esprit

chrétien, qui, sans qu'on s'en aperçoive, se glisse, s'insi-
nue et pénètre partout. De nos jours, la facilité des relations rapproche les hommes, et il suffit quelquefois de se
voir pour se donner la main. Mais ces hommes que le puissant moteur inventé par l'Europe a mis pour la première
fois en présence les uns des autres, seraient-ils aussi dispo-
sés à s'unir, si parmi eux il ne s'en trouvait d'élevés à
l'école du Maître qui leur a appris que barbares et civilisés,
Juifs et Gentils, sont tous enfants d'un même père et membres d'une même famille? Quand on porte dans son âme
l'esprit de fraternité, n'est-on pas sûr de réussir mieux
qu'un autre à le faire naître dans l'âme d'autrui?

Le mouvement général de tous les peuples les uns vers
les autres a fait dire à M. Esquiros que le véritable Adam
n'était pas dans le passé; qu'il fallait le chercher dans l'avenir; ce qui signifie que les races, bien que parties de berceaux divers, s'acheminent vers l'unité. Mais comment
réussiront-elles à s'unifier ou à s'absorber dans la race blanche, ainsi qu'il le prétend? Sans doute en perdant peu à
peu les différences qui les séparent. Ces différences ne sont
donc pas indestructibles; et si elles peuvent s'effacer,
n'est-il pas prouvé qu'elles ne résident qu'à la surface de
l'homme; qu'elles masquent et dissimulent, mais sans les
détruire, les ressemblances radicales et profondes, physiques et morales, qui unissent tous les hommes entre eux?
Si donc les races humaines s'acheminent vers l'unité, c'est
qu'elles sont ce qu'elles se sentent, homogènes, parentes et
sœurs. Il y a donc inconséquence flagrante à ne vouloir
l'unité du genre humain que dans l'avenir. L'avenir sort
du présent, comme le présent est sorti du passé; l'unité
passée et l'unité future sont inséparables comme le principe

et la conséquence ; l'Adam nouveau a donc sa racine dans l'Adam primitif. — Rien n'est donc plus vrai que l'unité de l'esprit humain, concevant et sentant partout de la même manière, manifestant dans toutes les littératures les mêmes sentiments, les mêmes passions, les mêmes instincts ; et dans la formation de toutes les langues, usant des mêmes procédés ; et dans toutes ses œuvres intellectuelles, témoignant du même bon sens, de la même raison, de la même logique. — « En un sens, l'unité de l'humanité est une
» proposition sacrée et scientifiquement incontestable ; on
» peut dire qu'il n'y a qu'une langue, qu'une littérature,
» qu'un système de traditions symboliques, puisque ce sont
» les mêmes principes qui ont présidé à la formation de
» toutes les langues, les mêmes sentiments qui partout ont
» fait vivre les littératures, les mêmes idées qui se sont tra-
» duites par des symboles divers. » — De qui sont ces dernières lignes ? De M. Renan. (*De l'origine du Langage*, p. 200.) Mais tout en déclarant que l'unité des races humaines est une proposition sacrée et scientifiquement incontestable, M. Rénan hésite à conclure de cette unité à l'unité d'origine, car, nous dit-il, « cette unité démontrée aux yeux du psychologue, aux yeux du moraliste, et même du naturaliste, signifie-t-elle que l'espèce humaine est sortie d'un groupe unique, ou, dans un sens plus large, qu'elle est apparue sur un seul point du globe ? Voilà ce qu'il serait téméraire d'affirmer. » — Et en quoi téméraire, s'il vous plaît ? L'unité de nature n'implique-t-elle pas l'unité d'origine ? Si l'espèce humaine est une, à quoi bon en multiplier les sources ? Une telle multiplicité ne serait-elle pas une création sans motif, et, à ce titre, incompatible avec les exigences d'une saine raison ? C'est ce que semble avoir

compris M. Renan, lorsque, quelques lignes plus bas, il nous dit qu'une même race a pu se partager à l'origine en plusieurs familles qui ont formé leurs langues à part; en d'autres termes, deux peuples peuvent être frères tout en parlant des idiomes absolument différents. Mais si, comme chacun sait, la science n'a pas encore prouvé que toutes les langues parlées par les hommes sont dérivées d'une seule et même langue primitive, elle l'a prouvé pour les langues indo-européennes; et ainsi que le dit M. Brière de Boismont, « l'Assyrie nous garde peut-être un idiome intermédiaire qui fera le pont entre le sanscrit et l'hébreu. D'ailleurs, on est loin de posséder tous les éléments de la question; il est constant que des idiomes d'une civilisation avancée ont été perdus dans les contrées orientales. Vienne un nouvel Anquetil du Perron ou un second Burnouf qui trouve la clef des caractères cunéiformes, et en voilà assez pour résoudre la difficulté. » (*Recherches sur l'unité du genre humain*, p. 30.)

Dans l'état actuel des choses, il n'en demeure pas moins établi qu'à part les différences de détail, l'organisme de toutes les langues est *un*. Aucune langue n'a eu jusqu'à présent plus de trois genres : masculin, féminin et neutre; ni plus de trois nombres : singulier, duel, pluriel; ni plus de sept cas, ni plus de trois personnes : je, tu, il; ni plus de sept temps : présent, passé, futur, passé, imparfait, parfait, plus-que-parfait; ni plus de six modes. Les langues qui n'ont pas toutes ces formes, suppléent à celles qui leur manquent par le double emploi de celles qu'elles possèdent; ainsi, on peut ramener la formation et l'organisme propre de chacune des langues connues à un système unique qui les contienne toutes et les explique toutes simultanément.

(Fallot, *Recherches sur les formes grammaticales de la langue française.*)

« Il était réservé, dit Ozanam (*Etudes germaniques*, p. 218), à la phylologie, étude qui passe pour oiseuse et stérile, d'arriver à la découverte si féconde qui contredit toutes les conjectures des matérialistes, d'établir, par la communauté du langage et des idées, une incontestable communauté d'origine entre les Germains aux yeux bleus, à la grande stature, qui erraient dans les solitudes du Nord, objet du mépris des Romains qui ne les croyaient bons qu'à devenir esclaves ou gladiateurs, — et les autres peuples, brunis par le soleil, d'une plus petite taille, d'un sang bouillant, qui bâtissaient des villes, creusaient des ports et ouvraient des écoles sous le ciel lumineux du Midi. Il reste encore beaucoup à faire pour ramener à la même unité de langage primitif les idiomes parlés par les autres races dispersées sur le reste du globe ; mais jusqu'à ce jour, les recherches historiques du XIXᵉ siècle tendent à la démonstration du dogme de la fraternité et de la solidarité universelle. » « C'est ce que confirment les recherches récentes qui viennent d'être faites sur les idiomes nombreux parlés par les diverses tribus de l'Océanie ; il a été reconnu que ces divers idiomes se rattachent à une langue fondamentale qui a beaucoup de ressemblance avec les langues indiennes. » (De Quatrefages, *Revue des Deux-Mondes*, févr., 1861.) Ainsi, la linguistique, comme la psychologie, l'ethnographie et l'histoire générale, concourent à démontrer la doctrine qui enseigne l'unité des races humaines.

C'est sous l'impression du même sentiment qu'un écrivain de notre époque a écrit ces lignes : « Ce fut pour moi une grande émotion lorsque j'entendis pour la première fois ce chœur universel formé par les voix diverses de tous les peuples proclamant partout les mêmes principes d'équité, de droit et de justice. A entendre ces voix, qui, sans s'écouter, se répondaient si bien de l'Indus à la Tamise, comment ne pas voir dans le genre humain tout entier la grande famille de Dieu avec son unité de création et de destinée? Un tel accord, si surprenant dans les langues, me touchait bien plus profondément dans le droit. Le miracle devenait plus sensible. De ma petite existence d'un moment, je voyais, je touchais, indigne, l'éternelle communion du genre humain. — Fraternité des peuples, fraternité des idées, je distinguais l'une et l'autre dans l'analogie des symboles ; car tout se tient dans la haute antiquité, parce que tout tient à l'origine commune. Les idées les plus diverses dans leur développement apparaissent *unes* dans leur naissance. Je voyais dans ces profondeurs sourdre ensemble tous ces fleuves qui, parvenus à la surface, s'éloignent de plus en plus. » (Michelet.)

Il n'y a donc pas jusqu'à la jurisprudence qui ne vienne appuyer de son suffrage la grande unité de tous les peuples.

Il est un dernier argument, invoqué par M. G. Pouchet à l'appui de son système, que l'on s'étonne de rencontrer sous sa plume : c'est quand il se demande lequel, du système monogéniste ou du système polygéniste, est le plus consolant pour l'humanité (P. 105) ; il répond, comme on doit s'y attendre, que, sous ce rapport, comme sous tous les autres, l'avantage appartient à sa doctrine. Ces lignes ne s'accordent guère pourtant avec ce qu'il a dit un peu plus haut : « Le savant doit se débarrasser, dût-il en coûter à » l'homme, des sentiments infiniment honorables d'égalité

» et de confraternité qu'un noble cœur doit ressentir pour
» tous les hommes, quelle que soit leur origine, quelle que
» soit leur couleur. De tels instincts honorent celui qu'ils
» animent ; mais ils ne peuvent que *nuire à la science* quand
» ils interviennent. » D'après ce langage, on devait s'attendre à une exclusion absolue de tout appel au pathétique.
Il en est autrement, et nous en félicitons l'auteur ; car, à
notre avis, si la première marque de la vérité est la concordance des idées avec les lois de l'intelligence, la deuxième
est la concordance de ces mêmes idées avec les sentiments
du cœur ; aussi, nous empressons-nous de suivre M. G.
Pouchet sur ce nouveau terrain.

« N'est-il pas plus consolant, nous dit-il (P. 105), de
voir dans les sauvages des existences variées, ayant chacune
leur destinée, différente de le nôtre il est vrai, mais non
dégradée, plutôt que de n'y voir que des frères *déshérités* au
profit de leurs aînés possesseurs exclusifs des avantages de
la civilisation? »

Sans contredit, la doctrine la meilleure et la plus conso-
lante est celle qui ne déshérite personne, et nous n'hésitons
pas à déclarer faux le système qui exclut les sauvages de
leur part au patrimoine commun de la grande famille
humaine ; seulement, il est bon de savoir quelle est celle
des deux doctrines qui encourt ce reproche : est-ce la
vôtre? est-ce la nôtre?

Que disons-nous, nous, des sauvages? Qu'ils sont nos
frères, arriérés dans la voie de la civilisation. Nous disons
que, doués des mêmes facultés, des mêmes instincts, des
mêmes aptitudes, faute de culture, ils s'arrêtent au début
de la carrière ; et c'est pour les arracher à ce retard dans
la voie du progrès que nous allons les visiter, ou comme

voyageurs, ou comme missionnaires, pour établir des relations avec eux et leur apporter les bienfaits de la religion, qui, après avoir affranchi nos pères de la barbarie, nous a faits nous-mêmes ce que nous sommes. — Notre conduite envers les sauvages est le meilleur commentaire des principes que nous professons à leur égard. — S'ils ont rencontré des frères quelque part, c'est sans contredit dans les apôtres du christianisme, qui tant de fois ont versé leur sang pour les sauver, pour les affranchir de leurs hideuses superstitions. — Quel est le droit que nous leur contestons? Quelles sont les facultés ou les aptitudes dont nous nous réservons le monopole? Ne les croyons-nous pas capables des mêmes vertus que nous et appelés aux mêmes destinées? Réduisons-nous de quelque chose leur part à la participation des biens spirituels et matériels, physiques et moraux, que nous ambitionnons pour nous-mêmes? — Et vous, polygénistes, en faites-vous autant? vous qui ne craignez pas de les exclure de tout partage aux croyances religieuses, vous qui en faites de vrais parias relégués dans l'athéisme dont vous frappez leur intelligence, n'est-ce pas vous qui avez écrit (P. 101) que les Australiens n'avaient pas même assez d'esprit pour inventer une grossière superstition? — Vous vous vantez de leur assigner une destinée différente de la nôtre, mais non dégradée ; quelle est cette destinée? Vous le dites en termes formels : de rester *éternellement sauvages* (P. 105), ou *de périr, si on ose les faire sortir de leur voie de barbarie.* — Ces tristes paroles que vous citez au bas de la page, ne les faites-vous pas vôtres en les reproduisant sans les accompagner d'un seul mot de critique?

Ne nous dispensez-vous pas de tout sentiment de commisération envers les sauvages en disant que s'ils n'ont pas nos qualités (P. 105), il en ont d'autres, et qu'à tout prendre, ils sont aussi bien et quelquefois mieux partagés que nous? Que chaque race est à la fois supérieure et inférieure à une autre, selon le côté par lequel on l'envisage? Si les sauvages n'ont rien à recevoir de nous, il ne vous reste plus qu'à condamner les efforts que nous faisons pour les élever à notre niveau.

N'avez-vous pas osé écrire que, grâce à vos principes, ces mots : *beau, bien* et *juste*, n'avaient plus qu'une valeur relative (P. 34)? Ce qui veut dire qu'ils n'ont plus aucune valeur ; car, qu'est-ce que c'est qu'une justice autre pour les blancs, autre pour les noirs, autre pour les rouges et les jaunes, qui change et varie avec les continents, les mers et les races, justice en deçà de l'Atlantique, injustice au-delà? Une telle justice est-elle autre chose qu'un vain nom à l'usage des dupes et au profit des fripons? Voilà la belle part que vous faites à ces pauvres sauvages que vous nous accusez de déshériter, et que par dérision vous appelez vos frères. Non, vous ne les reconnaissez pas pour des frères, puisque vous les déshéritez des plus nobles facultés de l'homme, des facultés religieuses et morales, dont vous réservez le privilége à certaines races. Vous les rapetissez tellement, ces pauvres sauvages, que vous les faites descendre jusqu'au rang des quadrumanes. N'avez-vous pas un chapitre tout entier consacré à faire voir que l'homme et le singe ne diffèrent que du plus au moins (V. p. 56) ; qu'ils ont les mêmes facultés, seulement plus ou moins développées ; qu'il n'y a pas entre eux de *limite tranchée?* C'est bien couronner l'œuvre. Après avoir refusé de faire du sauvage le frère de l'homme civilisé, vous en faites sans façon

5

le frère du singe? C'est là ce que vous appelez le plus consolant des systèmes ! Nous ne pensons pas que ce soit pour
de telles théories que la postérité se décide un jour à
vous confirmer le titre que vous décerne d'avance M. Brière
de Boismont, d'*illustre naturaliste qui promet de porter dignement le nom de son père*. (De Boismont, p. 7.)

DEUXIÈME PARTIE

De l'unité organique

L'unité morale des races humaines étans démontrée par
la communauté de leurs croyances religieuses, de leurs
instincts, de leurs aptitudes, de leurs facultés intellectuelles ; par la communauté de leurs principes de logique,
de bon sens, de raison, d'équité, de droit naturel ; par la
communauté de leurs principes de grammaire et d'esthé-
tique, — la démonstration de cette unité entraîne cette
conséquence importante que nous avons déjà fait pressentir
au commencement de ce travail, savoir : que des intelligences servies par des organes, si elles sont semblables en
tant qu'intelligences, doivent être servies par des organes
semblables ; si elles sont douées des mêmes facultés, si
elles exécutent les mêmes opérations, les instruments organiques qui les secondent dans ce travail doivent aussi être
les mêmes. En un mot, l'unité d'organisation intellectuelle
entraîne avec elle l'unité d'organisation physique. Ces deux
choses sont inséparables ; elles le sont si bien, que les

antiunitaires sont les premiers à le reconnaître quand ils
nous disent (G. Pouchet, p. 17) qu'une diversité d'organisation matérielle aussi prononcée, à leur sens, que celle
des blancs et noirs, doit entraîner nécessairement une
diversité d'organisation intellectuelle et morale; par la
même raison, si en place de la diversité, il y a similitude
dans les intelligences, les organes qui ont été mis au service de ces intelligences doivent offrir entre eux la même
similitude. — Donc, puisqu'il a été établi que toutes les
races humaines possèdent à un degré plus ou moins élevé
les mêmes facultés intellectuelles, qu'elles sont *unes moralement*, la conséquence est inévitable : elles doivent avoir
la même organisation matérielle pour seconder le jeu de
leurs facultés mentales. Il faut de toute nécessité que les
antiunitaires acceptent cette conclusion ou qu'ils renon-
cent à induire, comme ils le font, une diversité morale
d'une diversité organique. Et c'est ce que M. G. Pouchet
semble avoir compris tout le premier quand il nous dit
(P. 17) « qu'il n'est pas possible que deux organismes semblables soient donnés à deux puissances directrices dissemblables. » Ce qui implique que s'il se rencontre deux
puissances directrices semblables, les mécanismes placés
sous leur main pour les seconder dans leurs opérations
doivent aussi être semblables. — D'où l'on voit qu'en
démontrant l'unité morale des races humaines, nous avons,
du même coup, démontré leur unité organique. Nous
pourrions donc, à la rigueur, nous arrêter ici sans pousser
plus loin nos recherches; car à quoi bon examiner si la
conformation du crâne et du cerveau est la même chez les
blancs, les jaunes, les rouges et les noirs, du moment
qu'il est établi par l'égalité de leurs succès intellectuels

sous la discipline d'un même maître, s'ils y sont dressés de bonne heure et au même âge, qu'ils possèdent les mêmes facultés mentales? Cette similitude mentale atteste sans réplique la similitude de leur organe cérébral, et cela antérieurement à tout examen anatomique. Or, ce que nous disons du cerveau, qui est la maîtresse pièce de l'organisme, peut se dire à plus forte raison du reste de l'organisation tout entière. La démonstration préalable de l'unité morale des races humaines a donc cet avantage de conduire plus vite et par une méthode plus sûre à la démonstration de leur unité organique. Toutefois, notre intention n'est pas de nous prévaloir de cette démonstration anticipée de l'unité de l'organisation matérielle, pour nous dispenser de l'aborder sur le terrain de l'observation directe. Nous allons, au contraire, nous occuper de cet examen comme si rien n'avait été démontré; nous allons rechercher si les différences anatomiques et physiologiques alléguées par les polygénistes sont aussi réelles et aussi étendues qu'ils le prétendent.

La première de ces différences organiques que les anti-unitaires mettent toujours en avant comme la plus frappante, c'est la différence de couleur : « Le phénomène de » la coloration chez l'homme, disent-ils (G. Pouchet, » p. 74), a vivement frappé les observateurs de tous les » temps; il n'est pas de système qu'on n'ait imaginé pour » l'expliquer. La différence de couleur entre le blanc et le » noir est si fondamentale, qu'elle suffit à démontrer la » non-communauté de leur origine. » — On connaît à ce sujet le mot de Voltaire : « Le premier blanc qui vit un » noir dut être bien étonné; mais le raisonneur, qui veut » me prouver que les noirs sont venus des blancs, m'é-

» tonne bien davantage ; » et notre contemporain, le savant M. Littré, membre de l'Institut, partageant l'étonnement de Voltaire, ne vient-il pas nous dire à son tour (*Revue des Deux-Mondes*, août 1857, p. 125), » qu'il ne connaît au-
» cune voie scientifique, aucun procédé légitime, aucune
» théorie à l'épreuve de la critique, pour faire provenir la
» race blanche de la race noire, ou la race nègre de la race
» blanche, ou la race jaune de l'une de ces deux-là ; » et,
dans son embarras, il ne voit rien de mieux que d'admettre
« un certain nombre de familles primordiales, souches dis-
» tinctes du genre humain, et produites, comme tout ce
» qui se produit, avec des types spéciaux. »

Un homme d'un esprit et d'un savoir aussi éminent que M. Littré ne peut pas s'arrêter à une hypothèse sans valeur ; son nom seul recommande son opinion à un sérieux examen. Regardons-y donc de près, de très-près, et commen-
çons par bien comprendre sa pensée, qui est celle de tous les polygénistes ; ne pouvant expliquer les blancs par les noirs, ni les noirs par les blancs, ni les jaunes et les rou-
ges par ces deux-là, il croit plausible de faire venir les uns et les autres de quatre souches primitives, une pour chaque continent ; de telle sorte que l'Amérique se trouvera peuplée par des descendants homogènes en couleur d'une première famille au teint cuivré, autochthone du Nouveau-
Monde ; l'Afrique, de même, aura reçu ses habitants indi-
gènes tous noirs d'un premier couple également noir, né sur le sol africain et qui aura transmis sa teinte à ses nombreux enfants. Disons-en autant de l'Europe, de l'Asie, et le phénomène de la coloration de l'espèce humaine se trouvera tout naturellement expliqué à une condition pourtant, c'est que parmi les Américains il n'y ait que des rouges,

parmi les Africains que des noirs, parmi les Asiatiques que
des jaunes, et parmi les Européens que des blancs ; car si
en Afrique on rencontrait parmi les indigènes des hommes
d'une teinte opposée à celle du couple primitif, par exemple des tribus au teint blanc, jaune et rouge ; et si, dans
le Nouveau-Monde, on trouvait de même, parmi les cuivrés, des noirs, des jaunes et des blancs, tous provenant
de la souche des Peaux-Rouges ; si, dis-je, on rencontrait
dans chaque continent, malgré l'uniformité de couleurs
du type primitif et malgré l'absence de mélange, la plus
grande variété de coloration avec les teintes les plus oppo-
sées, l'hypothèse de M. Littré et de tous les polygénistes
ne serait-elle pas atteinte et convaincue du même défaut
que celle qu'ils veulent remplacer ? et les monogénistes ne
seraient-ils pas en droit de leur renvoyer leurs propres
paroles ? Nous ne connaissons aucune voie scientifique,
aucun procédé légitime pour faire provenir les blancs des
noirs, les noirs des jaunes et les jaunes des rouges ; et
nous ne voyons rien de mieux à faire que d'admettre, dans
chaque continent, autant de souches primitives qu'il y a
de variétés de colorations, et de les multiplier dans la
même proportion que les diversités de teintes et de couleurs, au risque d'aller au-delà des besoins du système et
peut-être aussi au-delà des vœux de ses défenseurs, au
risque même d'être forcés de rapporter à des souches différentes les enfants d'une même famille en vertu de la diversité de coloration qui les distingue plus d'une fois.

Que vaudrait alors, je vous prie, s'il en était comme je
le suppose, l'explication empruntée à plusieurs Adams ?
Vaudrait-elle mieux que celle d'un seul Adam ? ne serait-
elle pas entachée des mêmes défauts ? ne laisserait-elle pas

subsister la difficulté tout entière ? Eh bien ! ce que je suppose n'est pas une hypothèse : c'est la réalité même ; et il faut apprendre aux polygénistes ce qu'ils ne savent pas ou qu'ils affectent de ne pas savoir, qu'en Afrique, en Amérique, en Europe et en Asie, on trouve parmi les indigènes les mêmes variétés de coloration que dans le reste du globe. — Dans toute la longueur de l'Amérique, depuis le pays des Esquimaux jusqu'à la Patagonie, que voit-on ? Autant de teintes différentes qu'il y a de peuplades et de nations : les Californiens sont noirs ou presque noirs, les Mexicains sont cuivrés, les Guaraniens sont jaunes (d'Orbigny), les habitants des Pampas sont olivâtres, les Quichuas ont le teint des mulâtres, les Nootka columbiens sont blancs ; et ce sont tous des aborigènes. Chez les Astèques, tribu indienne du Mexique, près de La Vera-Cruz, toutes les nuances de l'épiderme sont représentées depuis le blanc presque pur jusqu'au noir le plus sombre ; dans deux villages situés à quelques lieues de distance, vous rencontrez des peaux roses et des peaux noires ; le type seul de la face ne varie pas. (L. Biart, *Revue Européenne*, août 1861, p. 771.) — De même, en Afrique, dans la grande nation des Fellathas, qui en habitent le centre, on trouve des hommes de toutes les couleurs, des bruns, des rouges, des cuivrés, des blancs, des basanés (Godron, t. II, p 165) ; les Touariks, ces pirates du désert, offrent les mêmes variétés ; d'après le général Daumas (*Voyage au grand désert du Sahara*), il en est de blancs, de jaunâtres, de noirs ; et dans certaines contrées, il n'est pas rare de rencontrer des femmes blondes avec des yeux bleus. Les Abyssins, convertis au christianisme depuis le troisième ou quatrième siècle de notre ère, se partagent, à partir du littoral du

Mozambique jusque dans l'intérieur, en noirs, en basanés, en blancs, tout-à-fait blancs, sans cesser d'être de la même race et de parler la même langue (Godron, tome II, p. 163). Les Kabiles sont noirs, les Arabes basanés, les Maures qui travaillent dans l'intérieur de leurs maisons, à l'abri de la chaleur et du soleil, ont le teint blanc. Schreber mentionne en Afrique et à Madagascar des nègres jaunes et des nègres rouges, avec une chevelure analogue. Enfin, Prichard nous cite les Gallas Edjows comme presque blancs, quoique vivant sous l'équateur. — Il n'en est pas autrement en Asie. Les Hindous, qui se font un devoir religieux de ne pas se mêler aux autres castes, présentent une variété de nuances qui ont frappé tous les voyageurs (Prichard, t. I, p. 223); il en est de très-noirs, d'autres de couleur cuivrée, d'autres offrent une teinte à peine plus foncée que celle des habitants de Tunis. Un témoin oculaire raconte qu'ayant fait part de son étonnement à l'un de ses amis qui connaissait l'Inde mieux que personne, il en reçut cette réponse : Je n'ai jamais pu m'expliquer cette variété, qui est générale dans tout le pays; parmi les Brahmes, qui sont en général jaunes ou blancs, on en trouve de noirs ; et parmi les Parias, presque tous noirs, on en trouve de presque blancs (1). — Les Afghans, ceux du moins qui habitent l'Orient, sont aussi blancs que les Européens ; ceux de l'Est ont le teint sombre, et quelques-uns sont entièrement noirs. (Prichard, p. 237.)

Les Européens n'échappent pas à cette loi de la variété de coloration. Bien qu'ils appartiennent tous à la même race et que leur consanguinité soit bien avérée, mettez en

(1) Le docteur Dumoutier, qui faisait partie de l'expédition de d'Urville, raconte les mêmes faits, page 233.

présence le Lapon au teint noirâtre, le Russe, le Danois, le Suédois au teint blond, le Portugais et l'Espagnol au teint plus ou moins brun et quelquefois très-foncé dans le fond de la Péninsule, et vous trouverez entre eux presque autant de différences que parmi les habitants de l'Afrique et de l'Amérique. C'est ce que confirment les lignes qui suivent, échappées dans un moment d'abandon à la plume d'un polygéniste qui parle d'après ce qu'il a vu, M. Jacquinot, commandant du vaisseau *La Zélée*, dans l'expédition en Océanie de Dumont d'Urville (*Anthropologie*, t. II, p. 35). « Les diverses nuances de coloration de la peau chez les différents peuples n'ont pas l'importance qu'on leur attribue et ne sont pas répandues aussi uniformément qu'on le pense. En effet, ne trouvons-nous pas depuis le blanc jusqu'au noir le plus foncé, avec leurs teintes intermédiaires, chez les hommes à visage ovale, à angle facial développé, aux cheveux lisses que Blummenbach a appelés *Caucasiques?* Depuis les Finnois, les Slaves au teint éclatant de blancheur et aux cheveux blonds, on arrive aux habitants du Malabar, qui sont de même race et dont la peau est aussi noire que celle des nègres d'Éthiopie, en passant successivement par les Celtes et les Ibères, d'une blancheur plus mate, par les Arabes basanés, et par les différents peuples de l'Inde, tous de race caucasique, qui présentent toutes les nuances de brun.

« Chez les hommes de l'orient de l'Asie, qu'on a réunis sous le nom de race Mongole, nous trouvons une blancheur de peau analogue à la pâleur morbide des Européens, puis toutes les nuances du jaunâtre jusqu'au brun le plus foncé.

» Enfin, chez les hommes que l'on a appelés nègres, on rouve aussi une foule de nuances, depuis les Hottentots et les Boschimans, dont la couleur est claire et analogue à celle de beaucoup de Mongols, jusqu'aux noirs les plus foncés d'Éthiopie, en passant par des nuances intermédiaires que présentent plusieurs peuples de l'Océanie, connus sous les noms d'Australiens, de Mélanésiens.

» On voit, d'après cela, que la couleur noire, loin d'être particulière aux nègres, se trouve également chez des hommes qui, du reste, offrent les différences les plus saillantes d'organisation : en un mot, chez des nègres, des Mongols et des Caucasiens. — Et de même, la couleur qu'on a appelée jaune, rouge, basanée, cuivrée, et qu'on a dite propre aux Américains, se retrouve aux mêmes degrés chez les Arabes, les Hindoux, les Chinois, les Hottentots, les Boschimans et chez quelques nègres de l'Océanie ; d'où l'on peut conclure que la couleur n'est pas un caractère suffisant pour reconnaître et différencier au premier abord les diverses variétés du genre humain. »

Que les polygénistes expliquent, tout les premiers, cette variété de coloration propre à chaque continent, avec leur type unique pour chacun d'eux, et nous nous chargeons d'expliquer à notre tour, avec le seul type de notre Adam, toutes les variétés de couleur qu'offrent les différentes nations du globe. La tâche nous sera facile ; nous n'aurons qu'à généraliser leur explication, laquelle, en devenant générale, rendra inutile l'expédient qu'ils ont imaginé de quatre ou cinq souches primitives.

Tout-à-l'heure, pour expliquer l'origine de quatre espèces d'hommes de couleurs différentes, les polygénistes avaient recours à quatre types primitifs ; et maintenant, voilà que de chacun de ses types primitifs, il sort, non pas une descendance unicolore, mais une lignée d'enfants de

couleurs aussi bigarrées que tout le reste du genre humain :
le blanc vient donc du noir et le noir du blanc. Cette bigarrure, nous répond-on, est l'effet du mélange et du
croisement ; mais on la rencontre parmi les indigènes,
parmi les hommes d'une même race, unis entre eux par
les liens d'une même religion, d'une même langue, par les
traits d'une même physionomie, d'une même conformation.
Où est le signe, où est l'indice du mélange que vous affirmez ? Quel mélange a pu s'effectuer dans le Nouveau-
Monde avant sa découverte ? Et cependant la bigarrure s'y
trouvait ; elle n'y a pas été importée, elle a été constatée ;
et tout récemment encore, elle vient de l'être par M. d'Orbigny chez les peuplades qu'aucun Européen n'avait visitées avant lui. Y pensez-vous, de parler de mélange et de
croisement ? Si toutes les races peuvent se mêler, se reproduire les unes par les autres, n'est-ce pas une preuve complète et invincible de leur fraternité, de leur consanguinité,
et par conséquent une réfutation de votre doctrine ? Aussi,
quand le besoin du système ne vous fait pas sortir des principes, vous ne manquez pas d'affirmer (G. Pouchet, p. 141),
« que les différentes races humaines subsistent à côté les
unes des autres sans se mêler, sans se confondre, » et vous
soutenez « qu'elles se maintiennent fidèles à leur type invariable, à travers le temps et l'espace, sous toutes les
latitudes, sous tous les climats. » Vous allez jusqu'à
dire qu'une race moyenne ou de métis ne peut pas subsister par elle-même si elle n'est entretenue par l'intervention
fréquente des types créateurs qui ont servi à la produire.
Vous nous répétez sans cesse que les races vivent côte à
côte sans aucune confusion ; « qu'elles ne se transforment
jamais (P. 123) ; que l'éducation d'une race est une fic-

» tion (P. 80) ; que chacun de nous vient au monde
» comme son père et sa mère y sont venus, *mêmement*
» doués, y apportant parfois par l'hérédité certains carac-
» tères particuliers, mais qui doivent s'éteindre avec le
» temps, soit d'eux-mêmes, soit en *tuant* celui qui les
» porte en lui. » — Que peut-on dire de plus clair ? Vous
l'affirmez, les races sont invariables, indélébiles, irréduc-
tibles les unes des autres. Donc, ne parlez plus de mélange et de croisement, puisque la nature les réprouve
et qu'elle les frappe de stérilité. Reste donc que les varia-
tions de couleurs constatées dans une même race prennent
naissance dans son sein, nonobstant l'unité de couleur du
type primordial : reste donc que le blanc vienne du noir,
et le noir du blanc. Ainsi se trouve renversée votre hypothèse basée sur la prétendue nécessité de plusieurs types
primitifs pour expliquer la diversité de couleurs qui distingue les races humaines.

Ainsi, première erreur de M. Littré, il a supposé, comme
bien d'autres, ce qui n'est pas, que les quatre races dési-
gnées par les mots de blanche, de jaune, de cuivrée, de
noire, étaient, en effet, marquées chacune de la couleur
de leur nom, et qu'elles l'étaient constamment, exclusivement et uniformément ; il a pris pour point de départ, sur
la foi des polygénistes, qui sont pourtant sujets à caution,
l'assertion cent fois répétée des quatre races aux quatre
couleurs bien tranchées, assertion sans valeur pour qui y
regarde de près ; car, parmi les polygénistes, les uns,
comme Virey, ne comptent que deux races principales ; les
autres, comme Desmoulins, en portent le nombre à onze
et même seize ; d'autres, comme Bory de Saint-Vincent,
n'en veulent que quinze, et Jacquinot les réduit à trois.

Or, toutes ces races devant avoir chacune leur couleur propre et spéciale, d'après le système qui veut autant de types primordiaux qu'il y a de nuances tranchées, il est clair qu'au lieu de quatre types primitifs, il en faudrait indéfiniment pour contenter tout le monde, ou plutôt qu'on ne pourrait contenter personne : celui-ci en voulant plus, celui-là en voulant moins. Quelle meilleure preuve de l'inanité du système, que cette dissidence entre les coryphées de la doctrine sur l'un des points plus importants du système !

La deuxième erreur de M. Littré, que partagent encore tous les polygénistes, c'est de nous avoir dit : Je ne comprends pas comment le blanc peut sortir du noir, ou le noir du blanc : donc cela n'est pas; donc, il faut avoir recours à plusieurs types primordiaux. — Eh ! depuis quand est-il permis de se faire un argument de son ignorance, de nier un fait par ce motif qu'on ne comprend pas son mode de production ? N'est-ce pas rétrograder jusqu'aux encyclopédistes du dernier siècle, qui niaient la chute des aérolithes sous ce prétexte qu'ils ne concevaient pas comment cela pouvait avoir lieu; ou jusqu'aux Éléates, qui niaient le mouvement par cette raison qu'ils n'en comprenaient ni la génération ni le mode de transmission ? — Il n'est pas du tout nécessaire que nous comprenions comment d'un blanc il peut venir un noir, ou un noir d'un blanc, pourvu que cela soit. En matière de faits, la première chose à savoir n'est pas le comment de la production d'un fait, mais la réalité de son existence. Est-il ou n'est-il pas ? Voilà ce dont il faut d'abord s'enquérir. Le reste viendra ensuite. Eh bien ! est-il que d'un blanc il vienne un noir, ou d'un noir un blanc ? Aucun doute n'est permis à ce sujet, puisque nous venons de constater qu'en Amérique, en Afrique, en Asie, en Europe, on trouve des hommes de toutes les couleurs, bien qu'issus d'une même race, dont l'homogénéité est bien reconnue. Le teint plus que blanc, le teint blond des hommes du Nord ne les empêche pas d'être les frères du basané Portugais ou du noirâtre Lapon; et cependant c'est le même sang qui coule dans leurs veines. Et de nos jours, n'a-t-on pas prouvé par la communauté des racines propres à toutes les langues de l'Europe occidentale et aux deux principales langues de l'Asie, le persan et le sanscrit, que nous sommes de la même race que les Hindous, au teint tantôt basané, tantôt blanc, tantôt noir? Que faut-il de plus pour établir sans conteste qu'un blanc peut venir d'un noir et un noir d'un blanc, je ne dis pas directement, quoiqu'il y en ait des exemples (1), mais, par une transition graduée qui mène du blanc au brun, du brun au basané, du basané au noir; ou bien, en sens contraire, du noir au basané, du basané au brun, du brun au blanc? Comment cela se fait-il? Je réponds : Cela se fait, il en est ainsi. La vérité d'un fait étant établie, nul n'a le droit de refuser d'y croire, sous ce prétexte qu'on ne lui en donne pas l'explication. N'avons-nous pas tous les jours sous les yeux dans le règne animal la génération d'un blanc

---

(1) Chez les nègres, comme ailleurs, il naît des Albinos, et les Albinos sont blancs. D'après plusieurs auteurs (Godron, t. II, p. 151), les Albinos transmettent leur couleur à leur postérité pendant plusieurs générations. S'il en est ainsi, dit Prichard, pourquoi une variété de ces Albinos n'aurait-elle pas pu devenir l'origine d'une race blanche? L'albinisme, on le sait, se rencontre dans toutes les classes d'animaux sans altérer leur santé, sans nuire à la régularité de leurs fonctions.

par un noir ou d'un noir par un blanc? Ne voyons-nous pas
des mêmes œufs, pondus et couvés par la même poule, sortir des poussins de toutes les nuances : blancs, noirs,
jaunes et rouges? Et attendons-nous, pour croire à ce que
nous voyons, qu'on nous ait expliqué le comment du phénomène? Les espèces chevalines, bovines, ovines, canines
et porcines ne nous offrent-elles pas des exemples conti-
nuels de cette variation de couleurs dans des individus issus
des mêmes ascendants? Et puisque par sa nature organique,
l'homme appartient au règne animal, pourquoi trouver
étrange qu'il soit soumis à la même loi et qu'il présente
les mêmes diversités de coloration? On dira : Nous voyons
tous les jours de nos propres yeux sortir d'un même animal
des descendants autrement colorés que le père, et nous ne
voyons rien de semblable parmi les hommes : d'un blanc,
il vient toujours un blanc, et d'un noir un noir.—En êtes-
vous sûrs? D'où sont venus et les premiers Portugais et les
premiers Lapons? D'un blanc sans doute, puisqu'ils appartiennent à la même famille; et, cependant, ils ne sont
blancs ni l'un ni l'autre. D'où sont venus les premiers Hindous noirs ou basanés? D'un blanc sans doute encore, puisqu'ils font partie de la race blanche, et par leur langue, et
par leur conformation extérieure; et ne voyons-nous pas
tous les jours d'un père blanc naître des enfants de couleur différente? La différence est légère, dira-t-on (1).
Est-elle plus grande du brun au basané, du basané au bistre, du bistre au noir d'ébène? Et n'avons-nous pas vu
dans toute l'Afrique, depuis l'Algérie jusqu'au Cap, les

(1) Elle serait plus grande si, comme chez les tribus sauvages,
les unions se perpétuaient dans une même lignée, déjà atteinte
d'un commencement de mélanisme.

nuances aller se rembrunissant graduellement, sans transition brusque, depuis le littoral jusque sous la ligne? N'en
est-il pas de même en Amérique, en Asie et en Europe?
et ne peut-on pas dire que, sous le rapport de la couleur,
toutes les races sont soumises à la même loi de l'infinie
variété avec des transitions graduellement ménagées?
M. Littré, et avec lui tous les polygénistes, commettent
donc une double faute : la première, en supposant sans
motif une seule et même couleur dans les races; la seconde,
en affirmant, antérieurement à tout examen historique,
l'impossibilité qu'un blanc vienne d'un noir ou noir d'un
blanc.

Mais ce n'est pas tout : quand on a voulu scruter la
cause de la coloration de la peau de l'homme, l'analyse anatomique a présenté des particularités auxquelles on ne
s'attendait guère. En allant du dehors au dedans, on a rencontré d'abord cette pellicule mince et légère, transparente
et incolore, qu'on appelle l'*épiderme;* et immédiatement
au-dessous le microscope a fait voir une matière colorée
appelée *pigmentaire* (du latin *pigmentum,* peinture), formée
d'une multitude de granules et présentant toujours une
teinte jaune, rouge ou noire, que réfléchit la transparence
de l'épiderme. On est allé plus loin : on a voulu descendre jusqu'à la véritable peau de l'homme, jusqu'au derme,
où viennent s'implanter les poils qui ombragent la surface
du tissu cutané, dans l'espoir d'y trouver la cause efficiente
de la coloration de la matière pigmentaire. Mais, ô surprise ! le derme, la vraie peau de l'homme, que l'on croyait
trouver noire, rouge, jaune ou cuivrée, et par ces différentes nuances justifier la distinction et la pluralité des
races, le derme, dis-je, tourné et retourné en tout sens,

6

examiné à la loupe et au microscope, chez le blanc, chez le
noir, chez le rouge et chez le jaune, s'est constamment
offert à l'œil étonné avec une couleur *uniforme* d'un blanc
mat dès qu'il est dégagé du sang qui le recouvre ; et force
a été de reconnaître, tant le fait était évident, que la vraie
peau de l'homme, abstraction faite des deux tissus qui la
recouvrent, était d'une teinte *unicolore* chez tous les hommes, et que, sous ce rapport, aucun doute ne pouvait atteindre l'unité des races humaines. Ainsi, la variété de coloration tient uniquement à la présence du corps pigmentaire.
Ce corps est un réseau cellulaire dont chaque cellule contient, sous forme de granules, la matière colorante ; il est
très-visible chez les individus noirs, rouges, jaunes, olivâtres ou basanés, il l'est moins, et quelquefois pas du tout,
chez les blancs ; de sorte que les premiers observateurs
déclarèrent que chez l'homme blanc il n'y en avait aucune
trace : ce qui créait une différence entre la race blanche et
les trois autres. Et déjà, se prévalant de cette particularité,
les polygénistes s'écriaient avec un accent de triomphe
(G. Pouchet, p. 74) : « Voilà un appareil qui manque au
» blanc, que le nègre possède et que lui seul possède !
» Voilà une différence fondamentale au nom de laquelle
» nous pouvons encore proclamer la non communauté d'origine de races.! » — Ne vous pressez pas tant, Messieurs,
vous n'avez rien à proclamer. De nouvelles recherches faites avec plus de soin, par M. Flourens, en France, et par
M. Simon, à Berlin, ont fait découvrir l'appareil pigmentaire jusque chez le blanc. C'est sa présence qui donne à
l'aréole du mamelon sa couleur brune, et c'est sa naissance
qui, sous l'action des rayons solaires, fait paraître les taches
de rousseur si fréquentes chez l'homme blond. Il a été

retrouvé par M. Flourens jusque dans la peau tout entière d'un soldat français mort en Algérie ; ce qui donnerait à penser que les hommes en portent en eux le germe, et que diverses influences extérieures, au nombre desquelles il faut compter le climat, en provoquent le développement (Godron, t. II, p 144). Enfin, il a été constaté que dans le fœtus du nègre, comme dans celui du blanc, il n'y en a aucune trace (1); ce qui prouve que pendant sa vie intra-utérine et au moment de sa naissance, le nègre ne diffère pas du blanc. En face de ces faits, les polygénistes oseront-ils encore nous dire qu'entre le blanc et le noir il y a un abîme infranchissable?

Le *pigmentum* ou la matière colorante qui recouvre la surface du derme et transmet sa couleur à l'épiderme, n'existant pas chez l'enfant qui vient de naître et ne commençant à se former que quelque temps après sa naissance, on s'est demandé quel en était l'agent formateur. A cette question, il a été fait plusieurs réponses ; les uns ont dit : la cause formatrice, c'est le climat ; les autres, c'est le régime alimentaire ; d'autres, c'est l'état hygrométrique de l'air ; d'autres, c'est l'excédant de carbone que contient le sang dans les pays très-chauds. Cette diversité d'opinions sur le véritable agent formateur de la substance pigmentaire, prouve que la science n'est pas encore bien fixée sur ce point. Mais notons bien que l'indécision de la science en

---

(1) Chez les Astèques, race américaine, dit un témoin oculaire, M. Biart, les enfants naissent roses et blancs; ce n'est qu'au bout de quelques jours qu'ils prennent la couleur bronzée de leur père, encore la paume des mains et la plante des pieds restent-elles blanches, ou du moins d'une couleur moins foncée que le reste du corps. (*Revue Européenne*, août 1861.)

cet endroit n'affaiblit en rien la certitude : 1° de l'existence du corps pigmentaire ; 2° de l'uniformité de couleur du derme ; 3° de l'infinie variété de couleurs dans chaque race ; 4° de la génération du blanc par le noir et du noir par le blanc ; et comme tous ces faits concourent à démontrer l'unité des races humaines, on voit que cette unité est tout-à-fait indépendante des diverses explications proposées, et non encore reconnues certaines, du mode de formation de la matière colorante. — Nous reviendrons plus loin sur la valeur de ces diverses explications ; nous nous abstenons, pour le moment, de les juger, afin de rester fidèle à notre méthode, qui consiste à recueillir d'abord les faits, à s'assurer de leur réalité avant de s'enquérir des causes qui les produisent, et qui, la plupart du temps, sont soustraites plus ou moins à nos regards.

L'un des grands principes de l'école polygéniste, et l'on pourrait dire son principe sauveur, si elle parvenait à le démontrer, c'est l'invariabilité des races et de chacun des attributs qui les caractérisent. On comprend qu'elle défende obstinément ce principe, par la raison que des races qui se transformeraient ne seraient plus reconnaissables ; on ne pourrait ni les compter ni les distinguer ; or, leur pluralité, c'est le fond même du système.

Ce principe pourtant est déjà bien ébranlé par ce fait que chacune des races jaune, rouge, blanche et noire, au lieu de n'avoir qu'une seule couleur toujours la même et toujours permanente, revêt tout aussi souvent la couleur des autres races, et se montre dissemblable d'elle-même dans sa propre nuance ; ce principe, dis-je, déjà ébranlé, va nous apparaître tout-à-fait ruiné par cet autre fait que chacune des races, au lieu de n'avoir qu'une seule et même conformation organique, et d'y persister invariablement à travers tous les temps et tous les lieux, présente aux regards de l'observateur tous les genres de conformation, même les plus opposés à celui qui est censé lui appartenir en propre et exclusivement. Ainsi, par exemple, les nègres, d'après les polygénistes, devraient offrir partout les traits qui, dit-on, les caractérisent : une tête allongée, un front fuyant, un nez épaté, des cheveux crépus et laineux, un menton proéminent, les yeux rapprochés, les dents incisives proclives, la bouche fendue, les lèvres épaisses et retroussées, des pommettes saillantes, des bras démesurément longs, des jambes maigres avec peu ou point de mollet, une odeur fétide et une tête toujours portée beaucoup trop en arrière. En est-il ainsi ? Ne ressemblent-ils jamais aux blancs au front large et proéminent, à la figure ovale, au nez saillant, droit ou aquilin, à la bouche moyenne, aux lèvres minces, aux dents incisives verticales, aux cheveux lisses et longs, aux jambes et aux bras bien proportionnés, aux mollets saillants et arrondis ? (Godron, t. II, p. 375.) — Ecoutons sur ce point les voyageurs les plus dignes de foi, qui ont vu de leurs propres yeux et qui rendent compte de leurs observations personnelles. — Le gouverneur actuel du Sénégal, dans son Rapport à la Société de Géographie de Paris, 1859, sur les races africaines limitrophes de la colonie, nous dit que les Fellathas, qui occupent la rive gauche du Sénégal, sont des noirs aux traits *presque européens*, aux formes sveltes, au teint brun ou rougeâtre, aux cheveux à peine laineux. Ils habitent le pays compris entre le dixième et le dix-huitième degré de latitude Nord ; d'une intelligence développée, ils remplissent, vis-à-vis des peuplades avec lesquelles ils sont en contact, le rôle de convertisseurs à main armée au profit de la religion de Mahomet. Ils ont fondé, au commencement de notre siècle, l'empire de Haoussa. Alfred Jacobs, parlant de ces mêmes Africains (*Revue des Deux-Mondes*, août 1857), nous dit qu'ils ont les traits réguliers, le front élevé, le nez aquilin, le teint bronzé, l'angle facial ouvert, l'intelligence manifeste, les yeux expressifs ; l'épaisseur des lèvres est le seul trait de parenté qu'ils conservent avec les noirs. — Les nègres de la côte d'Or, d'après un autre voyageur qui parle de *visu*, Barbot (Prichard, t. II, p. 2), sont des hommes bien faits, bien proportionnés, au visage ovale, aux yeux brillants, aux dents petites et blanches bien arrangées, aux lèvres fraîches et vermeilles. Chez les femmes, on remarque un petit visage arrondi, un nez saillant, quelquefois un peu aquilin, une bouche petite et très-bien faite.

« Les Yollofs (Godron, tom. II, p. 387), autre peuple africain à peau très-noire, sont des hommes bien faits, sans lèvres épaisses ni nez épaté. » — Le voyageur Caillé affirme la même chose des habitants de Tombouctou. Il y a des populations presque entières de nègres qui n'ont aucunement la face élargie et proéminente par le bas. Les Mandingues, les habitants du cours supérieur du Niger, la nation des Ashantis, offrent dans les classes supérieures des formes et des traits comparables à ceux du type grec. Le naturaliste polygéniste Bory de Saint-Vincent, pendant son exploration de l'Algérie, a fait peindre des nègres qui, selon son expression, seraient de vrais blancs si on pouvait les *dénoircir*, tant la configuration des organes était identique à celle des blancs. Aussi l'examen qu'il avait fait des nègres d'après ses propres yeux avait tellement modifié son opinion primitive, qu'il s'était beaucoup rapproché du chapitre II de *la Genèse*. (Godron, t. II, p. 385.)

Le type du nègre, tel qu'on le voit représenté à la porte des marchande de tabac, dit M. Livingstone, voyageur et missionnaire anglais qui depuis dix ans multiplie ses pérégrinations à travers l'Afrique australe (Voy. son livre, traduit de l'anglais par Mme Loreau), ne se rencontre que dans la partie la plus inférieure de la population ; lui assimiler la race entière des noirs, c'est à peu près comme si l'on voulait juger de la race entière européenne d'après les crétins des Alpes ou des Pyrénées.

Non, il n'existe pas, ainsi que le prétendent les polygénistes, une race nègre uniforme par la taille, la couleur, l'habitude générale du corps, par la conformation identique des yeux, du nez, de la bouche, du visage ; loin de là, elle offre partout la plus grande variété de formes ; tantôt régulières, tantôt irrégulières, et très-souvent les mêmes traits que les nations européennes. Ainsi, à côté des Hottentots, doux, paisibles, bienveillants, mais parfois d'une laideur repoussante, on trouve les Cafres, nation vigoureuse, active, bien proportionnée dans ses formes, intelligente, qui semble constituer une famille exceptionnelle. (Alf. Jacobs, *Revue des Deux-Mondes*, août 1857.)

Il n'en est pas autrement des noirs de l'Australie que de ceux de l'Afrique. Pic-Kering, le compagnon du capitaine Wilkes, dans la grande expédition scientifique des États-Unis, nous apprend *(Revue des Deux-Mondes*, février 1858) que nulle part il n'a rencontré en Australie cette maigreur excessive des membres inférieurs et supérieurs, donnée si souvent comme un des caractères de ses habitants. Sur une trentaine d'individus qu'il avait sous les yeux, quelques-uns étaient fort laids ; mais les autres, à sa grande surprise, présentaient une figure décidément *belle*, et, chose étrange, dit-il, je regarderais certains Australiens comme les plus beaux modèles de proportions humaines sous le rapport musculaire. Aussi traite-t-il de simples caricatures les dessins qui en ont été publiés.

Les contes ridicules qu'on a faits sur les Boschimans, que l'on nous représente comme les plus dégradés de tous les Africains au physique et au moral, s'évanouissent devant le témoignage de Livingstone, qui les a vus et qui en parle sans prévention. Ce sont, dit-il, des hommes d'une taille peu élevée, et qui, par goût, vivent au désert, mais sans avoir la difformité des nains. Ceux qu'on a amenés en Europe ont été choisis pour leur extrême laideur. Mais dans les environs de Zambo (P. 194) ils sont généralement de beaux hommes, bien taillés et d'une indépendance individuelle presque absolue. Nous avons retrouvé à Kapesh nos anciens amis les Bushmens ; Horoyé leur chef, son fils Mokantsa et quelques autres, présentent de magnifiques échantillons de cette tribu : ils ont au moins six pieds de haut; leur couleur est plus noire que celle des Bushmens du Sud.

On a voulu faire de la chevelure du nègre un des caractères de la race, en disant qu'eux seuls avaient des cheveux crépus et laineux. Mais on a oublié de dire (Godron, t. II, p. 380) qu'ils offrent, sous ce rapport comme sous tous les autres, la plus grande variété ; il en est dont les cheveux sont lisses, d'autres qui les ont bouclés, et d'autres qui les portent assez longs pour descendre jusqu'aux épaules. Et dans tous les cas, quand ils sont crépus, ils ne sont jamais laineux ; les poils, il est vrai, présentent la même apparence que la laine, parce qu'ils sont enduits d'une sorte d'huile grasse, douce au toucher ; mais leur

conformation anatomique est toute différente. Les filaments
d'une toison présentent de petites aspérités qui leur permettent de feutrer, c'est-à-dire de s'enchevêtrer les uns
aux autres pour former un tissu ; leur bord libre est plus
épais que leur autre extrémité, ce qu'on ne rencontre
jamais dans les cheveux du nègre, dont on ne peut faire
ni drap ni aucune espèce d'étoffe analogue aux étoffes de
laine. (L. Rémusat, *Revue des Deux-Mondes*, 1854, mai.)

Lorsqu'on voit pour la première fois, dit M. Brière de
Boismont (*Recherches sur l'unité des races humaines*, p. 16),
un Chinois aux regards obliques, on éprouve une impression étrange ; on serait tenté de se rallier à l'idée d'une
autre espèce d'hommes. Mais ce caractère n'est pas général
en Chine. Lorsque Abel Rémusat reçut, à la Bibliothèque
de Paris, les jeunes Chinois qui se destinaient à prêcher
la Religion chrétienne, l'un d'eux nous frappa par la régularité de ses traits et la forme de son visage, qui se rappro-
chait beaucoup du type européen. L'obliquité des yeux
n'est pas d'ailleurs particulière aux Chinois, aux Japonnais,
aux Mongols ; on la retrouve chez les Caraïbes de l'Amérique
méridionale et les Botocudos du Brésil. La ressemblance
est même frappante, lorsqu'on rencontre à Rio un Chinois
et un Botocudos. Livingstone a trouvé cette obliquité des
yeux chez quelques tribus de l'Afrique australe (G. Pouchet, p. 493). Mais ce que les polygénistes semblent igno-
rer, et ce qu'il faut leur apprendre, c'est que l'obliquité
n'est pas dans l'œil : elle est, ce qui est bien différent,
dans la paupière dont l'angle externe se trouve plus relevé
que l'angle interne ; et cette particularité, ajoute M. Brière
Boismont, nous l'avons plusieurs fois remarquée, même
très-prononcée, jusque parmi les Européens.

Il est un organe sur lequel les polygénistes ont beaucoup insisté afin de justifier, par la différence de sa conforma-tion, la différence des races, et ils ont eu raison d'y insister, car cet organe est la maîtresse pièce de l'organisme, il commande à tous les autres ; toute la machine se ressent d'un changement tant soit peu notable qui se produit dans sa structure ; cet organe, c'est le cerveau. Son volume et sa forme ne sont pas les mêmes, a-t-on dit, chez les blancs et chez les noirs. Pour déterminer cette différence, on a eu recours à plusieurs mesures : à celle de l'angle facial d'abord, imaginée par Camper, qui consiste à conduire d'un point de départ commun, de la base du nez, deux lignes, l'une en haut parallèle au front, et l'autre horizontale et parallèle à la mâchoire supérieure. Le plus ou moins d'ouverture de l'angle formé par ces deux lignes marque le plus ou moins de proéminence du front, et par suite le plus ou moins de volume de la masse cérébrale. Or, d'après les polygénistes, l'angle facial chez les nègres s'arrête à 75 degrés et même au-dessous, tandis que chez les blancs il va de 85 à 90 degrés.

La défectuosité évidente de cette mesure, toutes les fois que la proéminence de la partie postérieure du cerveau contrebalance le rétrécissement du front a fait préférer la méthode de Tiedman, mesurant le volume de cerveau par la cavité qui le contient, et cette cavité par les liquides ou les solides qu'elle peut contenir : solides ou liquides qu'il est facile d'évaluer. D'après cette mesure assez rigoureuse, il a été reconnu que le cerveau du nègre, que l'on dit inférieur à celui de la race caucasienne, a la même amplitude que celui du blanc, pourvu qu'on prenne la moyenne d'un grand nombre d'observations comparatives ; et d'après le docteur américain Morton, la comparaison qu'il a faite entre 256 crânes provenant des principales variétés humaines, a donné pour résultat que les têtes de la race blanche, bien loin d'avoir un *maximum* de capacité, ont présenté une différence en moins qu'il évalue à 75, tandis que les têtes des nègres ont atteint un *maximum* de 95. Il y a donc des nègres qui ont le cerveau plus développé que certains Européens. (Godron, t. II, p. 388.) Cette conclusion contrarie évidemment M. G. Pouchet, qui s'empresse de nous faire observer (p. 188) « que le grand philosophe de Philadelphie, M. Morton, n'avait à sa disposition qu'un petit nombre de crânes en dehors de la race américaine, et il ajoute que toute classification basée sur l'étude du cerveau est nécessairement *artificielle*. » — N'est-ce pas dire qu'il la repousse? et pourquoi? Parce que les résultats ne lui en sont pas favorables; et pourtant, s'il existe réellement une différence anatomique et physilogique entre les différentes races, n'est-ce pas dans le cerveau qu'elle doit se rencontrer, puisque c'est du cerveau que tout part et à son centre que tout aboutit? — Autre petit mécompte : la série des crânes recueillis par E. Geoffroy Saint-Hilaire dans les catacombes de Paris, et qui proviennent des victimes de la Révolution, présente toutes les modifications dont la tête humaine est susceptible : forme allongée, forme ronde, pyramidale, carrée, etc. (Voy. Godron; t. II, p. 385.) Quoi de plus décisif? N'est-il pas prouvé par là qu'il n'existe aucune conformation de la tête et du cerveau que l'on puisse citer comme exclusivement propre à telle ou telle race? Les polygénistes ne réussissent donc à signaler aucune différence réellement essentielle entre les blancs, les noirs, les rouges et les jaunes; mais s'il n'y a pas de limite tranchée, que devient le système?

On a souvent signalé ce fait, que toutes les intelligences
supérieures avaient à leur service un puissant organe cérébral : le cerveau de Cuvier pesait, dit-on, 1,829 grammes, celui de Dupuytren, 1,436, et l'on sait que son
poids ordinaire est d'environ 1,250 grammes. Je veux,
pour un instant, que le volume du cerveau blanc soit supérieur à celui des noirs ; qu'en conclure ? Que c'est une différence caractéristique ? Non, à moins de prouver antérieurement que cette différence n'est jamais acquise. Or, tout
porte à croire le contraire ; en effet, ne savons-nous pas
que chez les blancs l'exercice de la pensée, parce qu'il est
sans cesse provoqué et entretenu par l'action stimulante
du milieu dans lequel ils vivent, entretient par contre-
coup une activité incessante dans l'organe cérébral, et que
cette activité a pour effet inévitable d'y faire affluer le sang,
comme tout autre exercice l'appelle sur l'organe qui en est
l'instrument ? Donc, chez les blancs, la masse ancéphali-
que, traversée et dilatée sans cesse par une plus grande
abondance de sang, ne doit-elle pas augmenter en volume
et présenter par conséquent le phénomène si souvent
remarqué d'un plus grand développement du cerveau ?
Mais, contrairement à l'opinion des polygénistes, ce n'est
pas le développement du cerveau qui est le principe du
développement de la pensée, c'est le contraire qui a lieu :
c'est l'activité de la pensée qui développe le cerveau.

Jusqu'à présent aucune des différences signalées entre la
race noire et la race blanche, pas même les plus impor-
tantes, comme celles du cerveau, n'ayant les caractères
qu'on leur attribue de ne faire jamais défaut à la race qui
est censée les posséder exclusivement et de ne se montrer
jamais qu'en elle, il suit que ce ne sont plus des différences

essentielles, et que toute ligne de démarcation s'évanouit
entre les blancs et les noirs.

Mais s'il en est ainsi des différences indiquées comme
les plus capitales, que faudra-t-il penser de toutes ces
petites particularités qu'on fait sonner si haut, comme
celles de la couleur du sang, que l'on dit plus foncée chez
le nègre ; de l'odeur inhérente à sa transpiration, de l'immobilité de sa physionomie sous l'influence des plus fortes
passions, de son aptitude à se tenir accroupi, de l'acuité
extraordinaire de sa vue, du trou occipital que l'on dit
placé chez lui beaucoup plus en arrière que chez le blanc,
et enfin de la direction proclive de ses dents incisives ? —
D'après l'importance que les polygénistes attachent à toutes
ces petites différences, ne serait-on pas tenté de croire
qu'ayant la conscience de la faiblesse de leur système, ils
en multiplient indéfiniment les prétendues preuves dans
l'espoir sans doute de suppléer à la force par le nombre, à
la qualité par la quantité ? — Il n'est pas de petit fait,
pour peu qu'il paraisse favoriser leur doctrine, dont ils
n'exagèrent la valeur pour s'en faire un nouvel appui. Mais
inutiles efforts ! ils ne réussissent qu'à prouver leur pénu-
rie de bonnes raisons et la faiblesse de celles qu'ils font
valoir ; car, est-il rare de rencontrer parmi les Européens des hommes aux dents incisives proclives, au nez
épaté, aux lèvres grosses, à la bouche fendue, à la mâchoire inférieure proéminente ? Et n'avons-nous pas déjà
vu que la plupart des nègres ne présentent aucune de ces
formes plus ou moins anormales ?

Mais est-ce bien sérieusement que M. G. Pouchet fait un
attribut particulier à notre race de la faculté inhérente aux
vaisseaux capillaires du visage de s'injecter de sang sous

l'empire de quelque passion un peu vive, comme l'amour, la colère, la haine? Croirait-il, par hasard, que ce phénomène est étranger à la race nègre parce qu'il n'est pas rendu visible par la transparence de son tissu cutané! L'immobilité de la physionomie chez les hommes effrontés empêche-t-elle le sang de circuler plus vite et les pulsations du pouls de se multiplier sous l'influence de leurs émotions concentrées? Qui ne connaît la hideuse pâleur des nègres agités par la crainte (1)? C'est apprécier un peu légèrement les phénomènes de ce genre, que de ne les considérer ainsi que par le dehors. — De même, quand il nous dit que l'Américain dans ses forêts a le regard aussi perçant que le Kalmouk dans ses steppes, et que celui-ci peut voir à 32 kilomètres devant lui beaucoup mieux qu'un Européen avec sa lunette, pense-t-il nous prouver autre chose que l'excès de sa confiance crédule dans des rapports visiblement inexacts de faits tout au moins exagérés, mais qu'il s'empresse d'accueillir parce qu'ils favorisent son système? Les polygénistes, dit M. de Quatrefages (*Revue des Deux-Mondes*, 1er avril 1861, p. 640), ont présenté la race nègre comme étant complètement insensible à l'action de certaines effluves mortelles pour les blancs : ils ont cherché dans cette *immunité* présentée comme absolue

(1) D'Urville, *Voyage de l'Astrolabe*, t. I, p. 403. Les femmes australiennes conservent quelque chose de la délicatesse dont leur sexe peut justement s'enorgueillir parmi les nations civilisées. On a même saisi quelquefois le rouge de la pudeur sur leurs joues noircies, et on les a vues s'efforcer de cacher par leur attitude ce que leur nudité eût laissé à découvert. Santana, le même qui a livré la république de Saint-Domingue à l'Espagne, était pâle, de cette pâleur hideuse du nègre, le jour que... (*Revue européenne*. 1861.)

un caractère spécifique propre à la distinguer des blancs. Ici encore on a exagéré la portée et la signification de quelques faits vrais. Des études faites sur place pendant de longues années par le docteur Winterbotton, montrent que les indigènes de Sierra Leone sont atteints de fièvres intermittentes et rémittentes qui présentent chez eux exactement les mêmes caractères que chez les blancs acclimatés. Les chiffres recueillis par Baudin démontrent jusqu'à l'évidence que, bien qu'étant de tous les hommes ceux qui résistent le mieux aux fièvres de marais, les nègres n'en subissent pas moins l'atteinte et en meurent comme les blancs.

« La barbe épaisse et fournie, dit M. G. Pouchet (P. 78), semble, quand on y regarde de près, l'apanage exclusif de la race Iranienne; de cette race qui, venue de l'Imaüs, s'est répandue dans l'Europe entière : nos voisins les Sémites sont loin d'en être aussi pourvus. » Et en voilà assez pour M. E. Pouchet, pour faire de ces deux peuples deux races distinctes. C'est fort bien; mais il faudrait se souvenir que, d'après les polygénistes, les Sémites et les Iraniens, tous également blancs et d'une conformation analogue, ne constituent qu'une seule et même race.

L'odeur inhérente au nègre paraît encore à l'auteur de la *Pluralité des races*, pouvoir fournir une preuve imposante en faveur de la multiplicité des origines; et comment? C'est que la nature est une, qu'elle obéit en tout aux mêmes lois. Or, si les blancs étaient frères des noirs, ils conserveraient, ce qui n'est pas, quelques traces de cette odeur singulière (G. Pouchet, p. 84); mais la plupart des nègres, les Caffres, les Fellathas, les Malgaches, bien qu'ils soient de la même famille, n'offrent aucune trace de cette

particularité. Si au moyen de cette particularité, vous voulez faire deux races, prenez garde, car avec quelqu'autre
différence de ce genre, il vous faudra dans ces deux races
en créer de nouvelles; et, avec ce *crescendo* perpétuel de
races, où n'irez-vous pas? Vous les multiplierez sans fin,
et c'est en effet ce qui vous est arrivé. La moindre peuplade
des forêts d'Amérique ou des Jongles de l'Inde qui s'écarte
tant soit peu de ses voisines par les traits, la couleur ou le
langage, est pour vous une nation. Le chef de votre école,
l'Américain Morton, est allé jusqu'à compter trente-deux
races; son disciple Gliddon en a porté le chiffre à cent
cinquante; et enfin, M. Knox, autre disciple de Morton,
en admet autant qu'il y a de nations (*Revue des Deux-
Mondes*, 1ᵉʳ avril 1861.)

Parlerons-nous du trou occipital, que l'on dit placé chez
le nègre plus en arrière que chez le blanc; et de la longueur
disproportionnée de ses membres, et de la saillie trop haute
ou trop peu prononcée de ses mollets, et de la hauteur de
son talon, et, pour ne rien oublier, de la structure de son bas-
sin, moins évasé et plus oblique que chez les blancs? N'a-t-il
pas été établi, par des juges très-compétents sur ces matiè-
res (Voy. Godron), que ces variétés anatomiques ne se rencontrent pas chez tous les nègres; qu'elles ne peuvent constituer un caractère de race; et enfin, que les trois autres
races, blanche, jaune et rouge, offrent beaucoup d'exemples
analogues de ces singularités, et que, par là encore, elles se
rapprochent au lieu de se séparer?

Que conclure de tous ces faits? Que les polygénistes,
malgré tous leurs efforts, échouent à tracer une véritable
ligne de démarcation entre les blancs et les noirs, — les
deux races pourtant en apparence les plus éloignées. Que

sera-ce donc pour les autres? Aussi ne l'ont-ils pas tenté ; et tout en nous parlant de quatre races, leur argumentation, silencieuse sur les jaunes et les rouges, roule entièrement sur les différences des blancs et des noirs ; et nous savons à quoi nous en tenir sur la valeur de ces différences. Aussi est-il échappé à l'un de ces messieurs (le docteur Dumoutier, p. 45 de son *Anthropologie*) d'écrire les lignes qui suivent : « Nul, dans l'état actuel de la science, ne peut dire » à quel signe on peut reconnaître d'une manière indubi-» table les différentes espèces d'hommes ; il est actuelle-» ment impossible de comprendre le genre humain dans un » nombre de groupes déterminés ayant chacun ses carac-» tères à l'exclusion de tous les autres. »

Il est une dernière assertion des anti-unitaires qui, si elle était vraie, leur donnerait gain de cause, et, par la même raison, si elle est fausse, met à néant leur système. Cette assertion, toujours répétée et jamais prouvée, consiste à dire que les races ne se mêlent pas ; que leur croisement est contre nature ; que quand il a lieu, il demeure stérile, ou ne produit que des hybrides incapables de se reproduire indéfiniment, ce que peuvent toujours faire des individus de même espèce (G. Pouchet, p. 135). Ainsi, par exemple, d'après eux, les blancs et les noirs forment deux races, ou mieux deux espèces hétérogènes, provenant de deux sou-ches distinctes, primitives : ils ne peuvent se reproduire les uns par les autres, ou s'ils le peuvent accidentellement, leurs produits, les mulâtres, ne peuvent par eux-mêmes se perpétuer indéfiniment ; et le seul moyen de prévenir l'arrêt prochain de leur fécondité, c'est de faire intervenir à nouveau l'une des deux races-types.

La question ainsi posée est facile à résoudre : c'est une

7

pure question de fait. A l'appui de leurs prétentions, les polygénistes apportent la preuve que voici : les Zambos, issus des nègres et des indigènes d'Amérique (G. Pouchet, p. 137), sont la pire espèce de citoyens ; seuls ils fournissent les quatre-cinquièmes des criminels de Lima. — Cela prouve-t-il ce qu'il faut prouver, qu'ils ne se perpétuent pas d'eux-mêmes ; qu'ils s'éteignent dès la troisième ou la quatrième génération ? Leur dégradation, si elle est réelle, n'autorise-t-elle pas plutôt à supposer le contraire ? — M. de Gobinau, dites-vous (p. 140), prouve longuement que le mélange des races conduit à la dégradation, à l'abrutissement universel. — Il y a donc mélange de races, puisque de ce mélange il dérive des effets funestes ; et tout-à-l'heure vous prétendiez qu'il n'y en avait pas. — Vous ajoutez que leur durée est éphémère ; mais vous ne le prouvez pas. — Que sert de dire que « l'union des Espagnols avec les Américaines n'a produit qu'une race abâtardie dont l'avenir ne présente aucun élément de perfectibilité ? » (P. 138.) — De votre aveu, il y a donc des races de métis qui ont un avenir, mauvais tant que vous voudrez, mais c'est un avenir ; et tout-à-l'heure vous le leur refusiez ; vous alliez jusqu'à leur dénier la faculté de reproduction continue, dont vous faites le privilége exclusif des races fondées par la nature.

Pour prouver que le croisement de l'Européen avec l'Australien est stérile, et par suite que ces deux races sont hétérogènes, l'Américain Nott, disciple de Morton, reproduit textuellement le passage suivant emprunté à l'ouvrage de M. Jacquinot, polygéniste très-décidé, qui faisait partie du voyage au pôle sud de Dumont d'Urville : « Les quelques tribus qui se trouvaient aux environs de Port-Jakson vont chaque jour en décroissant, et c'est à peine si l'on cite quelques rares métis d'Australiens et d'Européens. Cette absence de métis entre deux peuples vivant en contact sur la même terre, prouve bien incontestablement la différence des espèces. » Voilà, dit M. de Quatrefages (*Revue des Deux-Mondes*, mars 1861), un témoignage bien précis et venant d'un voyageur qui semble ne présenter ici que ses propres observations personnelles ; il doit paraître d'un grand poids. Mais M. Jacquinot nous apprend un peu plus loin à quoi se réduit la valeur de ces observations : « Nous n'avons visité les habitants de la Nouvelle-Hollande, dit-il, que sur un seul point, à la baie Raffle ; mais la description que nous allons en donner peut se rapporter à tous les habitants de la Nouvelle-Hollande en général, car ils sont partout identiques. (Rien n'est plus inexact, ainsi que nous le verrons.)... Nous vîmes à la baie Raffle une vingtaine d'hommes environ : nous n'aperçûmes pas leurs femmes, ils les tenaient cachées avec soin. » — C'est sur la vue de cette vingtaine d'hommes que M. Jacquinot a jugé de toute la population d'une île grande comme la moitié du sud de l'Afrique. C'est d'après cet échantillon qu'il ose affirmer l'absence à peu près complète de métis et la différence des espèces. A son tour le lecteur jugera.

Après avoir fourni ce qu'il appelle ses preuves sur la prétendue stérilité du croisement des races, M. G. Pouchet (P. 140), nous demande de lui montrer un peuple métis, un vrai type moyen entre deux, type qu'il déclare aussi introuvable qu'une race de mulets. Je réponds qu'il n'est pas du tout introuvable quand on prend la peine de le chercher où il est. Or, voici des faits qui, pour n'avoir pas de place dans les livres des polygénistes, n'en sont pas moins certains.

« Les mulâtres ou métis, issus de parents blancs et noirs, sont condamnés depuis leur origine (Godron, p. 330), à former une caste à part ; par suite des préjugés du sang, ils sont à la fois repoussés des blancs, qui ne veulent pas de leur alliance, et des noirs, qui les accusent d'un orgueil aristocratique. Ainsi refoulés sur eux-mêmes, ils forment une race distincte. Or, ces mulâtres sont très-nombreux dans les colonies européennes et dans les cinq États du Mexique, du Guatemala, de la Colombie, de la Plata et du Brésil. Ils entrent pour un cinquième dans la population ; Omélius d'Halloy, dans la dernière édition de ses *Éléments d'Ethnologie*, qui porte à un milliard le chiffre approximatif des habitants du globe, estime à dix millions celui des métis, et il ne comprend, dans ce dernier calcul, que les métis dont l'origine remonte à l'époque moderne et se trouvent ainsi connus historiquement. Ces derniers métis n'ont commencé d'exister qu'à la suite du grand évènement qui entraîna les peuples d'Europe vers le Nouveau-Monde. Ainsi, c'est dans trois siècles et demi que s'est formée cette multitude de mulâtres, de Zambos, de Griquas, de Cafusos et autres métis qui entrent aujourd'hui pour un soixante-quinzième dans la population totale du globe. » Ce fait seul, indépendamment de beaucoup d'autres de même genre, répond surabondamment à la grande allégation des polygénistes, que l'union des blancs et des noirs est stérile ou d'une fécondité très-restreinte.

D'après M. Nott, lorsque les mulâtres se marient entre eux, ils sont moins féconds que lorsqu'on les croise avec une des souches primitives. — Mais d'après M. Hombron, collaborateur de M. Jacquinot, et tous les deux de l'expédition de M. Dumont d'Urville, il en est tout autrement.

— « Pendant les quatre années, dit-il, que j'ai passées au
» Brésil, au Chili et au Pérou, je me suis amusé à observer
» le singulier mélange des nègres avec les aborigènes ; j'ai
» même tenu note exacte du nombre d'enfants qui résul-
» taient, dans un grand nombre de ménages, de l'alliance
» d'un blanc avec une négresse, d'un blanc et d'une Amé-
» ricaine, d'un nègre et d'une Chilienne ou d'une Péru-
» vienne, d'un Américain avec une Américaine, et enfin
» d'un nègre avec une négresse. Je puis affirmer que les
» unions des blancs avec les Américaines m'ont présenté la
» moyenne la plus élevée ; venait ensuite le nègre et la
» négresse ; enfin, le nègre et l'Américaine. Dans nos colo-
» nies, les négresses et les blancs offrent une fécondité
» médiocre. Les mulâtresses et les blancs sont extrême-
» ment féconds, ainsi que les *mulâtres* et les *mulâtresses*.
» D'après cette échelle, dressée par un polygéniste, le maxi-
» mum de fécondité se rencontre donc dans les mariages
» qui, d'après la doctrine que nous combattons, sont autant
» d'hybridations, et le minimum dans les unions d'indivi-
» dus de même espèce. — Au reste, M. Nott a pris soin de
» se réfuter lui-même. Après avoir dit que les mariages
» entre mulâtres et mulâtresses sont peu féconds, ce qui est
» un des besoins du système, dans le courant de son Mé-
» moire, il reconnaît que dans la Floride et la Louisiane,
» on trouve des mulâtres robustes qui vivent fort longtemps
» et des mulâtresses très-fécondes et très-bonnes nour-
rices. » (De Quatrefages.) — Ainsi, toutes les unions entre
races humaines, quelque éloignées qu'elles soient, sont
fécondes. Et maintenant, osera-t-on nous demander s'il se
forme des races métisses entre les divers groupes humains ?

D'après Nott, MM. Hombron et Jacquinot auraient regardé

» comme infertile le croisement des blancs avec les Hotten-
» totes. » Nous avons vainement cherché cette assertion
dans les écrits de nos compatriotes. En tout cas, l'exemple
serait malheureusement choisi. Levaillant, dit M. de Quatrefages (*Revue des Deux-Mondes*, mars 1861), qui ne son-
geait guère à la question qui nous occupe ici, s'exprime à
ce sujet dans les termes suivants : « Les mariages entre
Hottentots et Hottentotes ne donnent guère que trois ou
quatre enfants au plus ; et leurs unions avec les nègres et
les blancs doublent et triplent ce nombre. » — La colonie
du Cap fut fondée en 1750 ; le voyage de Levaillant est de
1783. C'est dans cet espace de vingt-huit ans que s'est formée la race des métis issus des Hollandais et des Hottentotes. Or, Levaillant l'estime à un sixième de la population.
Ces métis, se voyant méprisés de leurs pères, se sont établis au-delà de l'Orange ; et, en 1803, les deux missionnaires Anderson et Kramer ont réussi à les convertir au
christianisme. On les désigne aujourd'hui sous le nom de
Griquas et leur capitale s'appelle Griqua-Town, qui est aujourd'hui remplacée par Philipolis. Les Griquas sont une
peuplade organisée ; ils ne sont pas à eux seuls le produit
des croisements accomplis au Cap. En ce moment, malgré
la prédominance du sang africain, ils forment une population de dix à douze mille âmes, ayant un gouvernement
régulier. Ils ont abandonné, pour la culture des terres, la
vie errante et pastorale de leurs ancêtres noirs ; ils construisent des maisons, et leur chef, Adam Kok, possède un mou-
lin dont la construction lui a coûté dix mille francs. A Philipolis, le maître d'école est salarié par la ville, et tous les
enfants savent lire et écrire (de Quatrefages). — Il est donc
bien démontré que toutes les fois que deux races d'hommes

se trouvent en présence et en contact, ces deux races, en se croisant, produisent une descendance non-seulement capable de se propager par elle-même, mais qui, de plus, montre généralement une fécondité plus grande que celle des races génératrices d'où elle est sortie.

Que suit-il de là ? Que la reproduction indéfinie entre deux races et les descendants de ces deux races étant la marque avérée et reconnue de leur fraternité, de leur homogénéité, de leur unité de nature et d'origine, et cette reproduction étant un fait constant, qui se répète tous les jours sur tous les points du globe, entre les rouges et les jaunes, les blancs et les noirs, comme entre les métis de ces diverses races, l'unité des races humaines est aussi bien démontrée qu'aucune vérité puisse l'être.

On a beau violenter la nature, les individus d'espèces différentes se repoussent instinctivement et se refusent à toute union ; et lorsque, par suite du voisinage de leurs espèces, le croisement est fécond, les produits hybrides de cette fécondité ne tardent pas à se montrer frappés de stérilité. La nature a ses lois qu'on ne méconnaît pas en vain. Les quatre races prétendues distinctes, si elles l'étaient réellement, demeureraient donc éternellement séparées ; mais tous les jours, et aujourd'hui plus que jamais, par l'effet de la multiplicité des relations, elles se mêlent, s'unissent, se confondent, et, par leurs alliances de plus en plus fréquentes, elles travaillent sans le savoir à effacer tout ce qui les sépare, à multiplier les liens qui les rapprochent, à hâter le moment où elles ne feront plus qu'une seule et même famille.

La pluralité des races étant contredite et démentie par tous les faits, pendant que leur unité en reçoit une démonstration incessante, si nous jetons les yeux sur l'ensemble de la doctrine polygéniste, un caractère singulier s'y fait remarquer : c'est la violation perpétuelle des règles dont elle recommande sans cesse l'observation, et dont elle accuse les monogénistes de ne tenir aucun compte. Elle nous dit : point d'idées préconçues ; examiner d'abord, consulter les faits, mesurer ses jugements sur la portée et l'indication des faits, ne porter aucune décision anticipée ou à priori, vérifier avant de prononcer, telle est la législation qu'elle propose pour trouver la vérité et se préserver de l'erreur. Mais ces sages préceptes, comment les applique-t-elle ? A son point de départ, elle affirme que l'humanité se partage en quatre espèces d'hommes : les blancs, les noirs, les rouges, les jaunes, qui occupent les cinq grands continents du monde. Or, où a-t-elle appris cela ? Les relations des voyageurs sont unanimes à certifier que l'Asie, l'Afrique et l'Amérique, l'Europe et l'Océanie, au lieu de n'avoir des habitants que d'une seule couleur, en renferment de toutes les couleurs. Elle a donc jugé avant d'avoir interrogé les faits, et ce premier faux pas en a amené bien d'autres. Les blancs, dit-elle, ne peuvent venir des noirs, ni les noirs des blancs. D'où le sait-elle ? qui le lui a dit ? A-t-elle pris la peine de s'enquérir si les choses se passaient ainsi ? En une telle matière, il n'est pas permis de décider sans information préalable. Et cependant, elle affirme à priori, elle qui ne veut pas d'à priori, l'impossibilité absolue que le blanc vienne du noir ou le noir du blanc, et le motif de son affirmation, c'est qu'elle ne comprend pas comment cela se peut faire. Naïvement, elle nous donne la mesure de ses conceptions pour la mesure de la réalité des choses ; sans hésiter elle rapetisse

le monde au niveau de ses idées. Ainsi, toujours elle juge
d'après ses idées préconçues, et c'est nous qu'elle accuse
de cette faute capitale, se réservant sans façon le monopole
de l'impartialité et de l'indépendance. (G. Pouchet.) Enfin,
pour couronner l'œuvre, elle prononce avec une assurance
que rien n'égale que sa légèreté, que les générations issues
des blancs et des noirs ne peuvent se perpétuer par elles-
mêmes ; qu'elles ne peuvent produire un peuple intermédiaire se recrutant dans son propre sein, et cela, elle l'affirme
à la face de dix millions d'hommes issus depuis trois siècles
du croisement des Européens, des Africains et des Américains ! Si ce n'est pas là immoler toute vérité à un système
préconçu, qu'est-ce donc ?

La pluralité des races étant réfutée par les faits, et leur
unité démontrée par ces mêmes faits, une question se présente, celle-là même que nous avions ajournée quelques
pages plus haut : D'où vient, si tous les hommes sont sor-
tis d'une même souche, qu'au lieu d'une même couleur et
d'une même conformation uniforme, ils présentent une si
grande diversité de coloration et de conformation ? Comment de l'unité a-t-il pu sortir une si grande variété ? Et
puisque les faits prouvent qu'elle en est sortie, où en est la
cause ? On a répondu : dans le climat, dans le régime alimentaire, dans l'état hygrométrique de l'air, dans la quantité surabondante de carbone que possède le sang dans les
pays chauds, et qui, n'étant pas suffisamment absorbé par
les poumons, se transforme en matière colorante. — Faisons remarquer qu'il y a ici trois choses à expliquer : la
diversité de couleurs, la diversité de conformation et la diversité de races, ayant chacune une certaine couleur et une
certaine conformation particulière. De ces trois choses, la

première est celle qui a le plus préoccupé les esprits : on s'est demandé comment d'un premier couple supposé blanc, il a pu sortir des noirs, et comment, si on le suppose noir, il a pu en venir des blancs? — Prise en ces termes, la question n'est pas exactement posée. La Bible ne dit rien de la couleur du premier homme; on n'a donc à se demander qu'une chose : si d'une seule et même couleur primordiale, quelle qu'elle fût, il a pu venir, sous l'influence du climat et des autres agents extérieurs, la diversité de teintes que nous présente actuellement le tissu cutané de l'homme? Voilà toute la question, réduite à ses véritables termes et à ses véritables proportions; on conviendra qu'elle n'est pas colossale.

Tous les faits historiques induisent à penser que l'Asie a été le berceau du premier homme. Sa couleur primordiale n'a donc été probablement ni le blanc ni le noir, quoiqu'il y ait des blancs et des noirs en Asie, mais la teinte générale asiatique, qui est un jaune plus ou moins foncé. Cette teinte, en se rembrunissant ou en s'éclaircissant sous l'action des diverses influences intérieures ou extérieures, a-t-elle pu aboutir à la longue, d'une part au blanc, et de l'autre au noir? Voilà tout le problème. Que disent les faits là-dessus? Ils disent ce que chacun sait par sa propre expérience, que la portion du corps exposée à l'action d'un froid excessif ou d'une chaleur extrême, prend une teinte brune; que chez tous les peuples, l'habitude de se mettre à l'abri du froid et du chaud donne à la peau une teinte blanche. Où trouve-t-on les hommes les plus foncés en couleur? Aux pôles et à l'équateur. Et dans les régions intermédiaires, que voyons-nous? La peau se rembrunit ou s'éclaircit à mesure qu'on avance vers le midi ou vers les pôles. C'est

dans les zones tempérées que se rencontrent les races blanches, un peu plus loin les races basanées, et sous la ligne
les races noires. — Sous la même latitude, dit-on, on trouve
des hommes de toutes les nuances ; il y a des blancs sous l'é-
quateur (Godron, t. II, p. 254 et 256 ; G. Pouchet, p. 120).
Oui, mais sous l'équateur aussi il y a des montagnes,
quelquefois couvertes de neige. Sous la même latitude, on
rencontre des lieux hauts et des lieux bas, des plaines et des
collines ; des régions sèches, arides, sablonneuses ; d'autres
arrosées par des pluies fréquentes. L'influence du climat
bien comprise, c'est tout ensemble, et l'action de l'air avec
ses divers états hygrométriques, et l'action du sol avec ses
divers degrés d'élévation, et l'action de la chaleur et du
froid avec leurs divers degrés d'intensité. C'est en ayant
égard à toutes ces circonstances que l'on comprendra comment il se fait que chez le même peuple, les Hindous par
exemple ou les Abyssins, on trouve des blancs, des basanés, des noirs ; car, dit Prichard (P. 218), les Hindous qui
sont blancs habitent près des sources du Gange ; ceux qui
sont noirs occupent des régions plus chaudes ; les Abyssins
les plus noirs sont ceux qui habitent la partie du territoire
la plus chaude et la plus humide. Au Pérou, en Amérique,
quoique situé sous l'équateur ou bien près, la chaleur n'y
est jamais bien grande, parce que ces contrées sont extrê-
mement élevées au-dessus du niveau de la mer ; la neige
qui y couvre le sommet des montagnes, y refroidit l'air et
tempère beaucoup le climat ; aussi les habitants, au lieu
d'être noirs ou noirâtres, sont seulement basanés. Ces faits
sont reconnus et confirmés par les navigateurs Forster,
Quoy, Guimard, d'Urville, Lesson et Jacquinot, qui s'exprime
ainsi, d'après Forster, (*Zoologie*, p. 211) : « Les habitants

des îles Marquises ont le teint plus basané que les autres Polynésiens, parce qu'ils se trouvent plus près de la ligne ; leurs femmes, qui sont *communément couvertes*, sont presque aussi blanches que celles des îles de la Société. »

Les habitants des îles des Amis ont le teint plus brun que celui du commun des naturels des îles de la Société. — Mais un grand nombre d'individus, et surtout les plus riches et les plus distingués, comme aussi la plupart des femmes, ont un teint qui approche de celui des belles Taïtiennes, qui sont presque blanches. (*Zoologie*, p. 213). — Le bas peuple y est plus exposé à l'air et au soleil : voilà pourquoi les individus y dégénèrent vers la race noire.

« Aux îles Mariannes, nous eûmes un exemple frappant de l'action du soleil sur l'espèce humaine relativement à la couleur. Des habitants des îles Sandwich, hommes, femmes et enfants, avaient été pris par un corsaire américain ; ils étaient devenus si bruns, que nous avions de la peine à les reconnaître pour appartenir à la race jaune.

» Nous avons vu nous-même, dans l'Archipel indien, les Chinois bateliers, pêcheurs, beaucoup plus bruns que les Chinois marchands restant constamment dans leurs boutiques. Nous avons déjà vu qu'il y a des hommes à peau noire dans les races caucasiques et mongoles ; et une preuve que cette influence solaire se fait sentir partout, c'est que nous avons observé nous-même que la peau de certains nègres Océaniens était d'un noir plus foncé, plus bleuâtre, surtout à la face externe des membres, tandis que celle des femmes était, au contraire, d'un noir plus roux. » (Jacquinot, *Zoologie*, t. II; p. 18)

La peau exposée pendant quelque temps aux rayons solaires, se fonce en couleur ; elle prend des tons bistrés... La

continuation prolongée de cette influence imprime plus profondément sur la peau sa teinte chaude et basanée ; aussi
faut-il pour la faire disparaître un séjour plus long à l'ombre ou dans un climat froid.

Le même auteur ajoute, à la page 274 : « La plupart des
navigateurs ont signalé la différence qui existe dans toutes
les îles de l'Océanie, entre les chefs, hommes au teint clair,
s'alliant entre eux et perpétuant leurs races sans altération,
et les gens du peuple, souvent misérables, toujours *brunis*
par un soleil ardent. »

Les noirs, dit-on encore, ont beau vivre sous la température de l'Amérique du Nord, leur couleur ne change pas.
C'est une erreur : le nègre, quand il se propage dans le
nord des États-Unis, ne devient pas blanc tout d'abord,
mais il tourne au *grisâtre* ; et n'est-ce pas là un changement considérable, surtout si l'on fait attention que la couleur noire une fois introduite dans le tissu cutané et deve-
nue partie intégrante de ce tissu, est comme une seconde
nature qui demande pour être détruite autant de temps
qu'il en a fallu pour la former. C'est un fait connu que le
nègre transporté en Europe voit son teint s'éclaircir peu à
peu, et que ce changement commence toujours par les parties les plus saillantes, les plus exposées à l'action de l'air,
le nez et les oreilles ; et ces modifications, dit M. de Quatrefages, peuvent aller jusqu'à donner à un individu toutes
les apparences d'une race différente de la sienne. Les Anglais
nés en Australie, écrivait Cuningham en 1826, deviennent
grands et svelles ; ils conservent les cheveux blonds et les
yeux bleus des Saxons, mais leur teint devient jaune, pâle,
même pendant leur jeunesse. Les *joues roses* ne sont pas de
ce climat. Aussi le teint fleuri provoque immédiatement

cette observation de la part des colons : *Vous êtes du vieux pays.* A la Louisiane, le teint des blancs, aussi bien que celui des noirs, se rapproche de plus en plus de celui des Peaux-Rouges. Si d'autres influences ne contrebalançaient celles du climat, il se pourrait bien qu'après un certain laps de siècles, les Américains eussent, tous sans exception, la couleur des aborigènes leurs ancêtres, fussent-ils venus de l'Irlande, de la France ou du Congo. (Élisée Reclus, *Revue des Deux-Mondes*, août 1859.) Les nègres des États-Unis, dit le même auteur, n'ont pas le même type que les nègres d'Afrique ; leur peau est rarement d'un noir pareil à celui de leurs ancêtres, bien qu'ils aient été achetés sur les côtes de Guinée. Sous l'influence de conditions d'existence nouvelle, il s'est formé une race nègre américaine, dérivée mais différente de la race nègre africaine ; dans l'espace de cinquante ans, ils ont franchi un bon quart de la distance qui les sépare des blancs ; quelquefois, ils la franchissent beaucoup plus vite. Volney, dont l'autorité n'est pas suspecte, rapporte, dans son tableau du climat et du sol des États-Unis, avoir lu un procès-verbal authentique constatant que le nègre Henri Moss, dont le trisaïeul était né au Congo, s'était transformé dans l'État de la Virginie en homme tout-à-fait blanc dans l'espace de six à sept ans. (Godron, t. II, p. 158.) Le médecin Caldani, dans ses *Institutions physiologiques*, rapporte un fait analogue d'un nègre établi à Venise et y exerçant la profession de cordonnier ; son teint, entièrement noir à l'époque de son arrivée, s'éclaircit peu à peu, et finit par devenir celui d'une personne affectée d'une légère jaunisse. (Godron. t. II, p. 155.)

Comment s'effectue cette transformation ? Évidemment

par l'action du climat, qui peu à peu modifie la teinte de la matière colorante. La figure d'une femme blonde, comme chacun sait, se couvre de taches de rousseur au moindre coup de soleil ; or, l'analyse de ces taches a fait voir que leur formation provenait d'une production instantanée de la matière pigmentaire sur ce point, ce qui établit la propriété qu'ont les rayons solaires agissant perpendiculairement sur la surface nue d'une peau délicate, sous une température élevée, d'y provoquer la sécrétion sanguine, qui devient la matière colorante ; et, chose remarquable, cette matière colorante, quand sa nuance est très-foncée, comme en Guinée, devient un préservatif contre l'action torréfiante de la chaleur équatoriale ; semblable au vêtement noir, elle condense et absorbe à la surface de la peau les rayons solaires, qu'elle empêche ainsi de pénétrer plus avant et d'ajouter à la chaleur intérieure du corps une intensité qui compromettrait la vie de l'individu, ce qui explique le phénomène tant de fois remarqué de la fraîcheur habituelle de la peau chez le nègre, même sous l'action de la température la plus élevée. (*Revue européenne*, 1860.)

Un naturaliste que nous citons souvent, M. Godron, tout en reconnaissant l'influence du climat, prétend qu'elle n'est pas prépondérante sur la coloration de la peau (T. II, p. 276) ; il va même jusqu'à dire qu'elle est très-secondaire. — Ces paroles nous surprennent de la part d'un écrivain qui, quelques lignes plus haut (P. 167), nous apprend que les Juifs, blancs ou blonds en Angleterre, rouges en Allemagne, basanés en Portugal, sont noirs en Afrique, dans le royaume de Haoussa et dans la province de Cochin, bien que là comme ailleurs ils forment un peuple à part, et qu'ils ne se marient qu'entre eux. De quelle autre cause que de l'influence diverse du climat peut provenir cette diversité de couleur ?

Les Français, nous dit-il encore (T. II, p. 138), les Anglais, les Danois, les Hollandais, les Portugais, qui ont créé des colonies aux Antilles, au Cap, sur la côte de Mozambique, et dans d'autres parties très-chaudes du globe, ont-ils pour cela perdu leur couleur? et cependant, si c'est la chaleur qui noircit, n'auraient-ils pas dû devenir semblables aux naturels de ces divers pays? — Pas le moins du monde, puisque vous nous dites, à la page 264, que les femmes Mongoles et Polynésiennes, quand elles restent dans des habitations closes, occupées des soins du ménage, ont toujours le teint plus clair que les hommes; et que chez les Maures, qui sont de race blanche, les femmes, qui vivent sans cesse brulées par le soleil, et presque toujours à moitié nues, deviennent, même dès l'enfance, d'une couleur qui approche beaucoup de celle de la suie. Or, ne savons-nous pas que les Européens conservent dans leurs colonies l'habitude de s'abriter contre les rayons solaires derrière de bonnes demeures ou des vêtements appropriés à ce but, et que malgré le soin qu'ils prennent de conserver la blancheur de leur teint, ils n'y réussissent pas toujours; car s'ils ne perdent pas leur couleur native, ils deviennent basanés, et approchent plus d'une fois de la couleur noire, comme cela est arrivé aux Hollandais et aux Portugais dans leurs colonies du sud de l'Afrique. — On ajoute : Sur la même ligne isothermique, on trouve des hommes de bien de nuances; il y en a de noirs, de jaunes, de bruns, de blancs et de basanés. — Sans doute; et pourquoi n'en serait-il pas ainsi? Existe-t-il une ligne faisant le tour du globe sous laquelle les températures soient absolument identiques? Il suffit de jeter les yeux sur une mappemonde pour se convaincre du contraire. Le milieu atmosphérique dans lequel vivent les hommes, quoique placés sous la même latitude, n'est-il pas cesse modifié pas une multitude d'accidents, tels que le vent, l'eau, la neige, la pluie, le fleuve, le lac, la plaine, la montagne, le vallon, la rareté ou la fréquence des rosées, l'humidité ou la sécheresse de l'air, le voisinage ou l'éloignement d'un fleuve, d'un lac, d'une mer? Les Islandais, dit-on, sont blancs, quoique sous la même ligne que les Lapons. — Mais le climat de l'Islande, qui est une île, est-il le même que celui des plaines de la Laponie; et ne sait-on pas que la température de l'Islande est assez douce, quoiqu'elle soit placée sous le 65e degré de latitude? — Un fait paraît décisif en faveur de la prépondérance du climat sur le phénomène de la coloration : c'est la correspondance constante et générale de la teinte noire avec l'extrême chaleur ou l'extrême froid, et la correspondance non moins grande de la couleur blanche ou brune avec les zones tempérées, les conditions climatériques restant les mêmes; car elles changent quelquefois sous la même latitude. Ainsi, il n'est pas rare dans l'intérieur de la Californie, quoique assez éloignée de l'équateur, de voir le thermomètre, même à l'ombre, monter, de midi à trois heures, jusqu'à 48 degrés centigrades, ce qui est une des plus hautes températures observées sur le globe (1), mais il faut ajouter que le thermomètre baisse quelquefois jusqu'à 25 et 22 degrés, par l'effet des brises du matin et du soir. (M. Simonin, *Revue des Deux-Mondes*, avril 1861. — L'auteur de ces lignes parle *de visu*.) Les habitants des Célèbes, à Mandano, principale résidence

(1) Ceci répond à l'objection de M. Godron (t. II, p. 249), que les Californiens sont noirs, quoique très-éloignés de l'équateur.

8

des Hollandais, sont remarquables par une plus grande blancheur de la peau ; la teinte blanche en est d'autant plus claire qu'ils habitent les montagnes, quoiqu'ils soient tout à fait sous la ligne. (Jacquinot *Zoologie*, t. II, p. 284.)

Les Américains Guaïacas, les plus blancs de tous, sont aussi sous l'équateur, mais dans des régions montagneuses. (*Zoologie*, t. II, p. 30.)

Les plus noirs des nègres océaniens, les Papous ou habitants de la Nouvelle-Guinée, vivent sous l'équateur ; et la couleur des insulaires, à partir de la ligne, devient de moins en moins foncée à mesure qu'on avance vers le pôle sud ou le pôle nord ; et cette loi, la même pour l'Amérique, l'Afrique, l'Europe et l'Asie, est confirmée au lieu d'être contredite par les blancs vivant sous l'équateur, puisque l'élévation des lieux qu'ils habitent, toujours montagneux, abaisse la température au niveau des températures moyennes. On ne trouve la teinte noire que dans les régions très-chaudes ou glacées, le même effet étant produit par l'extrême froid et l'extrême chaleur.

Que dans l'état actuel de la science il y ait encore de l'inconnu sur la question de la coloration de la peau, cela se conçoit. On ne connaît pas, il s'en faut, tous les modes d'action des divers agents externes au milieu desquels nous vivons et dont nous subissons sans cesse l'action. — Il se peut aussi que le régime alimentaire ait sa part d'influence dans le phénomène de la coloration. C'est ce que donnerait à penser le fait que raconte M. d'Abbadie, si connu par ses voyages en Abyssinie : « Les noirs du sud de la Nubie, dit-il, qui ne se nourrissent que de viande, ont le teint beaucoup plus clair que les autres tribus dont le régime est exclusivement végétal. » — « Ce fait, ajoute M. le baron Auca-

pitaine, m'a conduit à une observation analogue sur les
nègres de la Kabylie : la viande, dans ce pays, est d'un
prix très-élevé ; c'est un aliment de luxe que le Berbère ne
se se permet pas tous les jours ; mais les nègres, qui sont
tous bouchers et qui se nourrissent constamment de débris
d'animaux, ont le teint très-clair, tout en conservant les
cheveux crépus et les autres caractères des races d'Haoussa,
et je puis affirmer, d'après des renseignements positifs que
j'ai recueillis, qu'ils ne se marient qu'entre eux, de sorte
qu'on ne peut attribuer cette nuance de coloration à aucune
espèce de croisement. » (De Boismont. p. 11.) A l'appui
de ces faits viennent s'ajouter les exemples cités par
M. Godron (T. II, p. 20.) de quelques oiseaux, tels que :
bouvreuils, moineaux, geais, alouettes, auxquels l'usage
exclusif du chènevis donne une teinte entièrement noire.

L'influence du climat ne se fait pas seulement sentir sur
la peau, elle agit sur tout l'organisme et détermine en grande
partie l'extrême variété de conformation que l'on rencontre
parmi les hommes, sans exclure, bien entendu, l'influence
du régime alimentaire et des dispositions originelles ou
principes primitifs de conformation que chacun apporte
en naissant. L'action de ces trois causes est incontestable ;
mais celle qui agit peut-être le plus fortement sur l'homme,
surtout quand il en est encore à la vie sauvage, c'est le climat. A l'heure qu'il est, les peuples civilisés trouvent dans
le travail, la science, l'art et l'industrie, autant de moyens
de défense contre les attaques du climat. Ils savent si bien
se loger, se nourrir, se vêtir, qu'ils défient en quelque sorte
le climat de les atteindre ; sur quelques points du globe qu'on
les considère, on les voit continuer leur premier genre de
vie, comme s'ils n'avaient point changé de degré de lati-

tude ; on dirait qu'ils ont cessé de subir l'action du milieu dans lequel ils vivent, qu'ils ont vaincu les éléments, qu'ils commandent à la nature, qu'ils lui imposent leur empire. — C'est tout le contraire qui arrive chez les nations sauvages, étrangères à la science, à l'art, à l'industrie, et tout autant aux deux grandes vertus du travail et de la prévoyance ; elles vivent tout-à-fait désarmées en face du climat ; elles n'ont, pour s'en défendre, ni le vêtement, ni le logement, ni l'aliment appropriés à leurs besoins ; presque nues ou mal vêtues, elles reçoivent dans toute son intensité l'action du froid et de la chaleur ; mal abritées et mal nourries, elles portent sur la surface de tout leur être l'empreinte des coups dont elles sont frappées par les agents modificateurs qui les cernent et les assiégent. Aussi sont-elles toutes marquées au front des stigmates du climat : celle-ci est rouge, celle-là est noire, cette autre est jaune ou cuivrée, ainsi que nous l'avons déjà vu. Cette action terrible du climat s'arrête ou s'affaiblit à mesure que les nations se civilisent, c'est-à-dire à mesure qu'elles apprennent à se créer des armes pour lui résister ; et cependant, même dans la plénitude de leurs forces, elles n'échappent pas entièrement à son influence. — « Depuis que les Portugais établis au Brésil, dit M. Sudre (*Revue Européenne*, 15 août 1860), ne reçoivent plus de nouvelles immigrations pour se recruter, tous les voyageurs s'accordent à signaler chez eux, quoiqu'issus de la souche portugaise la plus pure, une profonde déviation du type européen, déviation qui ne peut venir que du climat, puisque leur genre de vie est le même à Rio-Janeiro que sur les rives du Tage.

» On sait combien les Anglo-Américains diffèrent déjà

des Anglais par leurs formes sèches et anguleuses, leur chevelure raide, leur visage étroit, leurs yeux ronds. M. Godron, qui cite ces faits, attribue la transformation du type
Yanke à un changement dans leur manière de vivre ; mais
c'est une erreur, dit M. Sudre : leur genre de vie est identique à celui des Anglais, et la véritable cause en est dans
le climat, pourvu qu'on entende par là non-seulement la
température moyenne ou extérieure, mais aussi l'ensemble
des conditions météorologiques, qui exercent une si grande
influence.— Ainsi, par exemple, en Australie, après deux
ou trois générations, les colons australiens, dans les veines
desquels le sang anglo-saxon coule pur de tout mélange,
voient disparaître de leurs tibias les formes charnues et
arrondies qui distinguent les Anglais, et se « trouvent ré-
» duits à dissimuler sous d'amples pantalons leur déplora-
» ble conformité avec les maigres et faméliques indigènes
» du pays des kanguroos. »

Mais le plus frappant exemple des modifications que le
climat et la misère peuvent introduire dans l'économie
animale, « c'est celui, dit M. Quatrefages (*Revue des Deux-
Mondes*, 2 mai 1861), d'un certain nombre de familles
irlandaises chassées, pendant la guerre de l'Irlande avec
l'Angleterre en 1644 et 1689, dans un pays de montagnes qui s'étend à l'Est jusqu'à la mer. Ce nouveau climat,
joint à la misère et à l'ignorance, a produit des effets si
désastreux, que les habitants n'en sont plus reconnaissables : leur bouche s'est entr'ouverte et projetée en avant;
leurs dents sont devenues proéminentes, les gencives saillantes, les mâchoires avancées; le nez s'est déprimé, la
taille a diminué, les jambes sont devenues cagneuses; ils
portent tous les traits des races africaines et australiennes,

abâtardies et dégradées probablement par les mêmes causes. »

Ce fait d'abâtardissement et de dégradation, au physique et au moral, de quelques familles irlandaises, nous explique la formation des races. Que l'origine de ces familles fût inconnue, à la vue des traits qui les caractérisent, qui en font une classe d'hommes à part et dont les vices de transformation se transmettent du père aux enfants ; que leur origine, dis-je, nous fût inconnue, en raisonnant à la manière des polygénistes, n'en ferions-nous pas une race particulière, et ne dirions-nous pas, faute de savoir quand elle a commencé, qu'elle est primitive, qu'elle remonte au berceau du monde ? C'est le sophisme perpétuel que font les anti-unitaires. Trouvant une race d'hommes d'une conformation et d'une coloration particulières, les Égyptiens, par exemple, qui depuis des siècles sont restés semblables à eux-mêmes, ils ont dit : Voilà un type permanent, et par conséquent primitif. Permanent, oui, par la raison que les bords du Nil, sur lesquels s'est fixé jadis ce peuple, restant les mêmes, le climat auquel il doit ses caractères anatomiques et sa couleur n'éprouvant aucun changement, on ne voit pas pourquoi il aurait lui-même changé physiquement : la cause subsistant, l'effet doit subsister. Mais de ce qu'on ignore l'époque à laquelle ce peuple est venu s'établir en ces lieux, est-ce un motif de prétendre qu'il est autochthone, qu'il est né avec la conformation qu'il possède ? Ne serait-on pas fondé à en dire autant du peuple juif, si uniforme et si persistant dans ses caractères de race, si l'histoire de son origine ne nous était connue ? Si nous ne savions à quelle époque il a commencé, à son tour il nous offrirait un nouvel exemple du mode de formation

des races. Un chef de famille (le patriarche Jacob) se continue dans de nombreux enfants auxquels il transmet son
sang, sa foi, sa langue et son genre de vie. Cet héritage
passe des enfants aux générations subséquentes. Par cette
transmission, il se forme un peuple d'une physionomie
propre et particulière, qu'il conserve d'autant mieux, que,
repoussant les alliances étrangères, il se recrute dans son
propre sein. Ainsi que le dit Holland (*De l'unité des races
humaines*, p. 282), toute race commence avec un homme
type créé par la nature, et en tant que type, doué d'une
certaine constitution physique et morale qui lui est tout à
fait propre. Les traits principaux de cette constitution passent à ses descendants, et se fortifient d'autant plus que
ceux-ci ont soin d'écarter les mélanges et les croisements (1). Alors on voit apparaître une peuplade marquée
d'une certaine empreinte qui fait que tous les membres qui
la composent semblent sortir d'un même moule. A ce premier caractère originel, créé et communiqué par le sang,
il s'en ajoute toujours un autre, celui qui provient du climat et qui se manifeste par une certaine modification de la
peau et de la constitution organique. A l'action du climat
se joint presque toujours l'influence du régime alimentaire,
du genre de vie adopté, vie nomade ou sédentaire, pastorale ou agricole, des habitudes contractées, du degré d'ai-

(1) Le goût passionné qu'avait le grand Frédéric pour les hommes de haute taille lui avait fait prendre l'habitude de rechercher
toutes les femmes et tous les hommes de haute stature, pour les
unir ensemble. De ces unions, il était résulté aux environs de
Berlin une véritable race de géants, dont on trouve encore les
traces malgré le temps écoulé depuis la mort du grand Frédéric.
(De Quatrefages.)

sance ou de misère dont jouit cette peuplade ; car il ne faut pas oublier que l'extrême misère engendrant l'étiolement, c'en est assez pour amener la déformation, l'abâtardissement, la dégradation d'une race, ainsi que l'attestent les exemples mentionnés plus haut des Irlandais et des Bushmens ; l'extrême maigreur de ces derniers n'a pas d'autre cause que la misère à laquelle les condamne leur genre de vie exclusivement chasseur.

C'est de la réunion de ces causes, les unes internes, les autres externes, d'un côté l'influence du sang et de la transmission, de l'autre l'influence du climat et de tous les agents modificateurs qui agissent au dehors, que naissent les races caractérisées par des différences réelles, permanentes et héréditaires, mais jamais profondes, radicales et primitives. Ainsi, par races, il ne faut jamais entendre ce qu'entendent les polygénistes, des groupes d'hommes marqués de différences ineffaçables, et par ces différences séparés à tout jamais les uns des autres. Il n'existe pas de telles races ; celles que nous connaissons se modifient toutes les fois que les causes qui les ont produites viennent à se modifier elles-mêmes. Ainsi, lorsqu'il survient interruption dans l'hérédité par l'effet du mélange et des croisements, ou lorsque le régime, le genre de vie et le climat viennent à changer, une modification se produit aussitôt dans quelqu'un des caractères distinctifs de la race ; c'est un fait qui se produit tous les jours sous nos yeux. Il n'y a donc jamais séparation éternelles des races, parce qu'il n'y a jamais indestructibilité des caractères qui les distinguent et des différences qui les séparent, si prononcées qu'elles soient.

Il n'y a pas de race contemporaine du berceau du monde ; c'est là une affirmation toute gratuite de l'école anti-uni-

taire. L'histoire nous faisant assister à l'origine de quelques-unes des races connues, et nous découvrant chez
elles les mêmes caractères qui distinguent les races dont
l'origine est inconnue, sous peine d'être infidèle aux lois
de l'analogie, il nous faut assigner aux races dont l'origine
se perd dans la nuit des temps le même mode de formation qu'à celles dont le berceau nous est connu. Que le
besoin du système réclame des races contemporaines de la
création même des choses, cela se conçoit : mais ce n'est
pas dans ce besoin que l'historien doit chercher la règle de
ses jugements.

Où était, on dit les polygénistes, pour les peuples primitifs, tous étrangers à l'art de la navigation, où était pour
leur inexpérience la possibilité de se transporter de l'Orient
en Occident, de l'Asie en Amérique? et s'ils ne l'ont pu, ne
faut-il pas reconnaître que les Américains primitifs for-
maient une race autochthone? Le directeur de l'Observa-
toire nautique de Washington, M. Maury, a fait voir dans
un rapport présenté à ce sujet (*Revue des deux-Mondes,*
février et mars 1845) que rien n'était plus facile, même
pour des sauvages, étrangers aux longs voyages sur mer,
que de passer d'Asie en Amérique, soit en traversant en
canots le détroit de Bering, qui n'a pas plus de cent kilomètres de large, soit en suivant les îles Aléütiennes, qui
forment comme une chaussée continue depuis le cap du
Kamtschatka, qui appartient à l'Asie, jusqu'à la presqu'île
d'Alaschka, qui fait partie de l'Amérique. Le plus illustre de
nos ethnographes, M. de Humboldt, nous dit que les ressemblances anatomiques entre les indigènes d'Amérique et
ceux de l'Asie sont si nombreuses, qu'on ne peut se refu-

ser d'admettre que l'espèce humaine n'offre pas de races plus voisines que celles des Mongols, des Mantchous, des Malais et des Américains. Indépendamment de cette conformité d'organisation, les notions scientifiques des Mexicains offrent de nombreux points de similitude avec les idées asiatiques : ainsi, c'est par les mêmes signes, empruntés à des figures d'animaux, que les Mexicains et les Mongols représentent les mois, les jours et les heures, et chez les deux peuples ces mêmes signes ont un usage astrologique. (*Revue des Deux-Mondes*, février 1845.)

Un fait très-intéressant est la découverte faite cette année par un ingénieur anglais de dolmens dans l'Inde. On sait que les monuments druidiques ou celtiques désignés sous ce nom, sont formés d'une grande pierre posée à plat sur deux ou trois autres dressées perpendiculairement. Suivant les opinions les plus accréditées, ils marquaient la place où se trouvaient les tombeaux des guerriers gaulois, ou bien leur servaient d'autels pour certains sacrifices. Si de nouvelles découvertes attestent dans l'Inde la présence de ces antiques monuments, communément trouvés dans le nord de l'Europe, en Irlande et dans l'ouest de la France, ce sera un argument de plus en faveur du système qui assigne aux races celtiques une origine asiatique. (*Revue européenne*, juillet 1861, p. 149.)

J'ai visité, dit M. Jacquinot, (*Zoologie*, t. II, p. 229), les principales îles de la Polynésie ; et dans les peuples qui les habitent, j'ai observé les analogies les plus frappantes avec les Américains, surtout la ressemblance de physionomie, preuve plus forte, suivant moi, que toutes les analogies de coutumes et de langues. Les peuples polynésiens sont identiquement les mêmes par les dialectes d'une même langue, par les mêmes coutumes, par le même degré de civilisation. Ce fait est reconnu par tous les navigateurs. Or, si l'on compare les descriptions qui ont été faites des Polynésiens et des Américains, on restera, comme nous, convaincu de leur identité.

Quelques naturalistes, tout en reconnaissant l'unité des races humaines, demandent pour chacune de ces races un berceau distinct; ils sont à la fois unitaires et polygénistes. Le motif qui les fait penser ainsi, c'est, disent-ils, que l'Europe, l'Asie, l'Afrique et l'Amérique ayant chacune leur flore et leur faune spéciales, il semble naturel qu'elles aient aussi chacune leur espèce particulière d'hommes nés dans leur sein et véritablement aborigènes. C'est le sentiment de MM. Jacquinot, Desmoulins et d'Agassis. — Mais admettre l'unité de nature et vouloir la diversité d'origine, n'est-ce pas rapprocher deux idées qui se repoussent, et abandonner en même temps les principes que l'on professe ? — Ces principes, c'est la diversité des plantes et des animaux pour chaque continent : le lama et la vigogne pour l'Amérique, le chameau pour l'Afrique, le renne pour la Laponie, le kanguroo pour l'Australie, etc. Or, comme nous le savons tous, le renne ne pourrait vivre en Afrique, ni le chameau en Laponie. Si donc l'Américain indigène avait été autochtone, semblable au lama, il ne pourrait vivre en dehors de sa circonscription géographique ; il en serait de même de l'Asiatique, de l'Africain, de l'Européen ; les lieux qui les ont vu naître les retiendraient par une attraction invincible ; et, de plus, par l'impossibilité physique où ils se trouveraient de vivre ailleurs, ils seraient les uns et les autres, comme les plantes et les animaux de leur pays, des meubles inséparables de leur sol natal. En est-il ainsi ?

L'homme n'est-il pas, au contraire, un être éminemment cosmopolite, qui se fait à tous les climats, qui supporte toutes les températures, les plus basses comme les plus élevées, ou qui en neutralise l'action par les moyens que lui fournit son industrie pour se défendre contre l'extrême froid ou l'extrême chaleur? Et comment pourrait-il conserver son unité de nature s'il était autre en Asie, autre en Europe, autre en Amérique ; si, comme les plantes et certains animaux, il s'incorporait à la nature particulière du sol natal ? L'un des deux : ou, comme la flore et la faune d'un lieu, il aura la physionomie particulière de ce lieu, et alors plus d'unité ; ou, sur tous les points du globe, il sera homogène ; il sera le même homme, capable, d'après sa nature cosmopolite, d'émigrer en tous lieux, et de prendre possession de tous les continents ; et alors à quoi bon la multiplicité des berceaux ?

Ces deux idées vont ensemble : unité de nature, unité d'origine. Vouloir les séparer, c'est se mettre en guerre avec le bon sens. M. Renan a beau dire « que c'est rapetisser une grande vérité (l'unité des races) aux minces proportions d'un petit fait (*De l'origine du langage*, p. 200); qu'une unité toute psychologique n'a rien de commun avec une unité matérielle de races, » il est de toute évidence que si les hommes blancs et noirs sont frères par la pensée, par l'esprit, par le cœur et en même temps par leur organisme, il n'y a absolument aucun motif de leur assigner des origines différentes, à moins de vouloir faire de l'arbitraire ou de contester à l'homme l'un de ses premiers attributs, celui de voyageur cosmopolite. — On objecte l'amour de la patrie, l'attachement aux lieux qui nous ont vu naître, les douleurs de l'exil, les souffrances de la nostalgie, comme si ces faits retranchaient des annales de l'humanité l'histoire de ces émigrations si nombreuses appelées *colonies,* qui sont sorties du sein de chaque peuple pour aller fonder au loin des nations nouvelles. — Nous autres Français, ne vivons-nous pas au Senégal, en Algérie, à Pondichéry, à l'île Maurice, à l'île de la Réunion et au Canada, c'est-à-dire dans toutes les parties du monde ? Et non-seulement nous y vivons, mais nous nous y multiplions, preuve que nous nous y acclimatons ; et l'Anglais dans l'Inde, le Portugais sur la côte orientale de l'Afrique, l'Espagnol aux Philippines, et le nègre en Amérique, ne sont-ce pas là autant de preuves de la nature éminemment cosmopolite de l'homme ? Mais si on ne peut lui contester cet attribut, comment se refuser d'admettre la conséquence qui s'ensuit, savoir : qu'étant apte à vivre sur tous les continents, sous toutes les latitudes, sous les glaces du pôle comme sous les feux de l'équateur, il n'appartient à proprement parler à aucun continent ; que, par sa nature, il n'est ni Asiatique, ni Africain, ni Américain, ni Européen, et en un sens qu'il n'est ni rouge, ni jaune, ni blanc, ni noir ; mais qu'il devient tout cela, qu'il prend le physionomie des lieux qu'il habite, qu'il se teint, comme dit Buffon, de la couleur du climat ; qu'il accommode son organisation sous l'influence des milieux qu'il traverse dans ses pérégrinations à travers le globe ; et ces métamorphoses, il les subit d'autant plus facilement, qu'il est moins armé par la science et l'industrie pour vaincre et neutraliser l'action des agents modificateurs qui l'assiégent de tous côtés. — L'homme n'étant donc, par nature, d'aucun lieu, d'aucun climat, d'aucun continent, rien n'est plus naturel que de le voir conserver partout son unité et d'en attester partout la vérité par le déploiement, l'exercice, la mise en jeu des mêmes instincts, des mêmes penchants, des mêmes passions, des mêmes tendances, des mêmes facultés intellectuelles, morales et sensibles, des mêmes puissances esthétiques, politiques et religieuses, et des mêmes croyances fondamentales à l'âme, à Dieu, à la vertu, à la vie future.

Écoutons en finissant le grand défenseur de la pluralité des races que nous venons de combattre, M. G. Pouchet; écoutons-le résumant lui-même le volume de deux cents pages qu'il a publié sur la question : « De ce qui précède, dit-il page 199, on doit conclure que, pour établir une classification rationnelle des races humaines, les caractères à considérer sont en premier lieu l'aspect extérieur et le *caractère moral;* le reste viendra en second lieu. D'abord le langage, puis les variétés anatomiques profondes qui ne frappent pas du premier coup d'œil, et enfin les variétés physiologiques et pathologiques : telle est, nous le pensons, la seule base certaine sur laquelle l'anthropologie puisse assoir des *distinctions vraies* entre les races d'hommes. Le temps n'est pas encore venu d'en *déterminer exactement* le nombre. Le *désaccord* des auteurs à ce sujet est la meilleure preuve que le *travail est à refaire* suivant une voie nouvelle. » — Oui, il est à refaire, et il le sera longtemps, parce qu'il sera sans cesse démoli par l'action toute-puissante de la *vérité* qu'il combat.

NOTES JUSTIFICATIVES

« Je ne vois, dit M. Dumont d'Urville (t. II, p. 614 et 627), sur toute la surface du globe que trois races vraiment distinctes : la blanche, plus ou moins colorée en incarnat; la jaune, plus ou moins bronzée ou cuivrée, et la nôtre; je partage l'opinion qui fait remonter ces trois races à une même souche primitive, et qui place leur berceau dans le plateau central de l'Asie. »

« Tout concourt, dit Buffon (*Hist. naturelle*, t. III, p. 530), à prouver que le genre humain n'est pas composé d'espèces essentiellement différentes entre elles; qu'au contraire, il ny a originairement qu'une seule espèce d'hommes, qui, en se multipliant et se répandant sur toute la surface de la terre, a subi différents changements par l'influence du climat, par la différence de nourriture, par celle de la manière de vivre, par les maladies héréditaires et par le mélange varié à l'infini des individus entre eux. »

« Sans doute, il est des familles de peuples plus susceptibles de culture, plus civilisées, plus éclairées; mais il n'en est pas de plus nobles que les autres : toutes sont également faites pour la liberté, pour cette liberté qui, dans un état de société peu avancé, n'appartient qu'à l'individu, mais qui, chez les nations appelées à la jouissance de véritables institutions politiques, est le droit de la communauté tout entière. Ainsi, nous maintenons l'unité de l'espèce humaine, et nous rejetons, par une conséquence nécessaire, la distinction désolante des races supérieures et des races inférieures. » (Alexandre de Humbold, *Cosmos*, t. I, p. 430.)

» L'intelligence humaine n'est pas arrivée dans toutes les langues au même degré, et dès-lors n'a pas créé les mêmes rouages secondaires. Quant au mécanisme général, il s'est présenté partout le même; car ce mécanisme, c'est de la nature intime de notre esprit qu'il procède, et cette nature est la même pour tous les hommes. »(*Philologie comparée*, mars avril 1857, dans la *Revue des Deux-Mondes*, article Alfred Maury.)

L'identité de mécanisme est facile à reconnaître dans la marche organique de la déclinaison, qui, dans l'évolution des langues se présente toujours de la manière suivante : d'abord, le radical ordinairement monosyllabique; puis le radical suivi de postpositions correspondant à la période d'agglutination; puis encore le radical soumis à la réflexion et présentant de véritables cas formés par l'accolement de la postposition au radical : c'est la période ancienne des langues indo-européennes; enfin, la préposition suivie du radical correspondant à la période moyenne de ces mêmes langues; il est à noter que la postposition ne revient jamais après la préposition, pas plus que les dents de lait ne repoussent après la perte des molaires.

L'affinité des langues européennes avec les antiques idiomes parlés des bords de la mer Caspienne aux rives du Gange, est un indice incontestable de l'origine asiatique des peuples européens. On ne saurait supposer là une circonstance fortuite : il est clair que des tribus sorties de l'Asie se sont poussées les unes les autres; et les Celtes les plus anciennement arrivés sur notre continent ont fini par en devenir les habitants les plus occidentaux, les Celtes ibériens. Les langues d'Amérique présentent plusieurs points de ressemblances avec les idiomes polynésiens, ainsi que certains traits communs de mœurs, ce qui constitue le chaînon par lequel ces populations sont unies avec celles de l'Asie.

Des races noires.

« *Mœurs, usages et coutumes des Australiens.* — Nous remarquâmes en général parmi nos Australiens (Dumont d'Urville, *Voyage de l'Astrolabe*, 1826-1829, t. 1, p. 191) des manières douces et paisibles : ils étaient parfois bruyants; mais leurs importunités cessaient au moindre gestes que nous faisions. Malgré l'exiguïté de leur vêtement, qui leur couvre à peine les reins, nous crûmes reconnaître en eux des habitudes de pudeur, ou du moins une décence naturelle qui paraissait voiler en quelque sorte ce que leur nudité avait de choquant pour nous.

» Si on leur parlait de manger un homme (p. 402), ils témoignaient une grande horreur à cette idée, et disaient que c'était *wiri*, c'est-à-dire mauvais. En voyant punir ceux qui les avaient maltraités, ils exprimaient leur approbation en disant que c'était *koud jiri*, c'est-à-dire bien. Les assassinats nocturnes, quoique fréquents chez eux par suite de leurs désirs de vengeance, sont blâmés, tandis qu'ils applaudissent à des actions de bonté et de générosité dont ils sont capables. Un homme qui ne recevrait pas avec courage une lance, mais s'enfuirait, serait traité de lâche (*uiri*).

» Dès que les Australiennes (p. 412) se furent aperçues que les blancs attachaient une idée de honte à se montrer nu, elles devinrent, au moins plusieurs d'entre elles, délicates et réservées à cet égard devant les étrangers.

» Au premier aspect (p. 491), on est frappé de la maigreur et de l'exiguïté de leurs membres inférieurs; mais cette disposition n'est point un caractère propre à ce peuple : elle tient uniquement au défaut de nourriture suffisante pour le développement de ces parties. Ce qui le prouve, c'est que nous avons vu des femmes australiennes, prises dans cet état de maigreur par les Anglais, arriver presque à un état d'obésité en faisant usage d'une nourriture abondante.

» Le respect qu'ils témoignent à la vieillesse (t. II, p. 471), quelle qu'en soit la cause, leur fait beaucoup d'honneur, et ils le poussent au plus haut degré; car si celui qui en est l'objet est aveugle, on ne permet à personne de se tenir devant lui; et quand il est dans une pirogue, celui qui rame est obligé de se tenir derrière.

» Ils ont grand soin des funérailles (p. 475); ils enterrent les jeunes gens et brûlent les individus qui ont passé l'âge moyen d'homme. Il y a de grandes lamentations de la part des femmes et des enfants pour annoncer la mort de quelqu'un des leurs. »

9

« *Les Bushmens ou Boschimans.* — C'est une peuplade joyeuse, au franc rire, et chez qui le mensonge est très-rare (Livingstone, p. 186). — La nuit étant venue, les Bushmens qui nous conduisaient nous témoignaient leur politesse en cassant les branches qui se trouvaient sur notre passage et en nous indiquant les arbres qui gisaient par terre (p. 192).

» M. de Genssens, gouverneur du Cap, recueillit un jour chez lui un jeune Boschiman, qui lui témoignait le plus grand attachement : doué d'une intelligence assez remarquable, il parvint à apprendre, avec la plus grande facilité, le hollandais et même un peu l'anglais. » (*Voyage aux terres australes*, par Perron, t. II, p. 311.)

Et c'est de ces Bushmens que le capitaine Harris a osé dire (Godron, t. II, p. 118 : « Ils sont ennemis de tous les hommes, et et tous les hommes sont leurs ennemis; ne vivant que de chasse ou des dons spontanés de la nature, ils partagent le désert avec l'oiseau de proie et la bête féroce, au-dessus desquels ils ne s'élèvent guère que d'un degré »

« Les noirs des îles Viti (Océanie) sont dépeints sous les couleurs les plus défavorables (D'Urville, t. IV, p. 250). On les dit perfides, cruels, et cependant au milieu d'eux vivent aujourd'hui des Européens, qui, seuls et sans défense, sont à la merci de ces sauvages et n'ont cependant pas à s'en plaindre. Ils sont *cannibales*, comme tous les autres insulaires; mais chez eux les *prêtres* seuls sont chargés de la préparation des victimes humaines, tandis que la nourriture habituelle des habitants est préparée par les femmes et les esclaves, ce qui indique qu'un sentiment autre que celui de la gourmandise les pousse à ces horribles festins. Ils conservent un grand respect pour les morts; les prêtres seuls sont chargés des funérailles des chefs. La maison de *l'Esprit* est le seul temple que l'on rencontre. Quand un homme meurt, ses parents cherchent autant que possible à l'inhumer près de la maison de *l'Esprit*. A la mort d'un chef, on immole sur sa tombe plusieurs femmes. Dans le cas de maladie, les prêtres sont appelés et chargés le plus souvent par les malades d'aller porter une offrande à la maison de *l'Esprit*, afin d'obtenir leur guérison. »

« Les habitants des îles Viti (*Dito*, t. IV, p. 623), malgré leur penchant au canibalisme, ont des lois, des arts, forment et quelquefois un corps de nation. On trouve parmi eux de très-beaux hommes. Leur langue est plus riche, plus sonore, plus régulière que dans les îles de l'Ouest, et leur habileté dans la navigation ne le cède pas à celle des hommes de la race polynésienne (race blanche). Nous avons trouvé parmi eux des individus doués d'une intelligence et d'un jugement fort remarquables pour des sauvages. »

La race nègre, qu'on nous présente comme si abrutie, a donné naissance à des hommes distingués. Blumenbach, Bory de Saint-Vincent en ont donné l'énumération : nous citerons seulement Amo, Capitan, Toussaint-Louverture, Christophe, Mauzano. Nous pouvons ajouter à cette liste le nègre Lillet-Geoffroi, habile mathématicien, correspondant de l'Académie des sciences de Paris. Pour juger l'intelligence de la race noire, on peut consulter avec intérêt l'ouvrage de l'abbé Grégoire sur la littérature des nègres.

C'est un nègre encore qui vient d'exécuter de nos jours l'une des plus remarquables entreprises de l'époque. Bou-el-Mayahdad, c'est son nom, parti de Saint-Louis (Sénégal), a traversé tout le désert du Sahara et une partie de l'empire du Maroc, a visité la France, s'est rendu à la Mecque, et, sur un navire français parti de Toulon le 24 juillet 1861, est rentré dans son pays.

BORDEAUX. — IMP. DE F. DEGRÉTEAU ET Cⁱᵉ.

www.ingramcontent.com/pod-product-compliance
Lightning Source LLC
Chambersburg PA
CBHW062016200326
41519CB00017B/4806